分子生物学实验

（第二版）

主　编　李　峰　陈姿喧
副主编　王秀利　刘川鹏　罗仍卓么
　　　　雷海英　冯　凡
编　委　王兴平　杨　哲　李　荣
　　　　郝小花　张运生　王有武
　　　　段永红

华中科技大学出版社
中国·武汉

内容提要

本教材分为三部分，共13章：第一部分分为4章，介绍分子生物学实验基础知识，包括实验室规则、实验室安全知识、常用仪器及其使用、常用培养基和抗生素溶液的配制，以及GenBank数据库；第二部分介绍分子生物学常用实验技术，从第5章到第10章，含13个实验，分别介绍质粒DNA的提取、酶切、电泳、转化、重组及鉴定、PCR技术、核酸杂交技术、外源基因的表达及分离纯化技术；第三部分为分子生物学综合性、研究性实验，从第11章到第13章，含6个实验。

本教材可供生物类、农学类、食品类、药学类等专业的本科院校师生，科研院所科研人员和企事业单位技术人员等使用，也可供其他相关专业的学生选修或自学时参考。

图书在版编目(CIP)数据

分子生物学实验/李峰，陈姿喧主编. —2版. —武汉：华中科技大学出版社，2022.6
ISBN 978-7-5680-8289-1

Ⅰ. ①分… Ⅱ. ①李… ②陈… Ⅲ. ①分子生物学-实验 Ⅳ. ①Q7-33

中国版本图书馆CIP数据核字(2022)第082064号

分子生物学实验(第二版)
Fenzi Shengwuxue Shiyan(Di-er Ban)

李 峰 陈姿喧 主编

策划编辑：王新华
责任编辑：王新华
封面设计：原色设计
责任校对：刘小雨
责任监印：周治超
出版发行：华中科技大学出版社(中国·武汉) 电话：(027)81321913
武汉市东湖新技术开发区华工科技园 邮编：430223
录 排：华中科技大学惠友文印中心
印 刷：武汉科源印刷设计有限公司
开 本：787mm×1092mm 1/16
印 张：10.5
字 数：269千字
版 次：2022年6月第2版第1次印刷
定 价：33.00元

普通高等学校“十四五”规划生命科学类创新型特色教材

编　委　会

普通高等学校"十四五"规划生命科学类创新型特色教材

作者所在院校

（排名不分先后）

北京理工大学
广西大学
广州大学
哈尔滨工业大学
华东师范大学
重庆邮电大学
滨州学院
河南师范大学
嘉兴学院
武汉轻工大学
长春工业大学
长治学院
常熟理工学院
大连大学
大连工业大学
大连海洋大学
大连民族大学
大庆师范学院
佛山科学技术学院
阜阳师范大学
广东第二师范学院
广东石油化工学院
广西师范大学
贵州师范大学
哈尔滨师范大学
合肥学院
河北大学
河北经贸大学
河北科技大学
河南科技大学
河南科技学院
河南农业大学
石河子大学
菏泽学院
贺州学院
黑龙江八一农垦大学
华中科技大学
南京工业大学
暨南大学
首都师范大学
湖北大学
湖北工业大学
湖北第二师范学院
湖北工程学院
湖北科技学院
湖北师范大学
汉江师范学院
湖南农业大学
湖南文理学院
华侨大学
武昌首义学院
淮北师范大学
淮阴工学院
黄冈师范学院
惠州学院
吉林农业科技学院
集美大学
济南大学
佳木斯大学
江汉大学
江苏大学
江西科技师范大学
荆楚理工学院
南京晓庄学院
辽东学院
锦州医科大学
聊城大学
聊城大学东昌学院
牡丹江师范学院
内蒙古民族大学
仲恺农业工程学院
宿州学院
云南大学
西北农林科技大学
中央民族大学
郑州大学
新疆大学
青岛科技大学
青岛农业大学
青岛农业大学海都学院
山西农业大学
陕西科技大学
陕西理工大学
上海海洋大学
塔里木大学
唐山师范学院
天津师范大学
天津医科大学
西北民族大学
北方民族大学
西南交通大学
新乡医学院
信阳师范学院
延安大学
盐城工学院
云南农业大学
肇庆学院
福建农林大学
浙江农林大学
浙江师范大学
浙江树人学院
浙江中医药学院
郑州轻工业大学
中国海洋大学
中南民族大学
重庆工商大学
重庆三峡学院
重庆文理学院
辽宁大学
燕山大学
临沂大学
山西医科大学
宁夏大学
重庆第二师范学院
齐鲁理工学院
六盘水师范学院
河西学院
广西贵港工业学院

第二版前言

随着分子生物学实验技术的迅速发展，生命科学在理论与应用上都取得了惊人的进展。分子生物学实验技术逐渐系统化，现已成为生命科学各领域研究的常规技术。

在十几所本科院校和华中科技大学出版社的大力支持和帮助下，我们编写了这本《分子生物学实验》。为适应创新人才培养要求，我们在实验教学中进行了大量的改革，并体现在教材中。本教材第一版出版后，被全国多所高校选为实验教材，得到任课教师和读者的好评。同时，他们对不足之处也提出了很多宝贵意见。在第一版的基础上，我们对部分内容进行了更新和完善，并新增了一些实验项目。

本教材分三部分，共 13 章：第一部分分为 4 章，介绍分子生物学实验基础知识，包括实验室规则、实验室安全知识、常用仪器及其使用、常用培养基和抗生素溶液的配制，以及 GenBank 数据库；第二部分介绍分子生物学常用实验技术，从第 5 章到第 10 章，含 13 个实验，分别介绍质粒 DNA 的提取、酶切、电泳、转化、重组及鉴定、PCR 技术、核酸杂交技术、外源基因的表达及分离纯化技术；第三部分为分子生物学综合性、研究性实验，从第 11 章到第 13 章，含 6 个实验。本教材部分实验项目的设置体现了编者所在高校开设的分子生物学实验特色。通过分子生物学实验，系统培养学生在分子生物学方面的基本技术和技能；通过学生的独立实验设计和实践，培养学生的创新思维和独立分析问题、解决问题的能力。

参加本次教材编写的有：湖南文理学院的李峰、李荣、张运生、郝小花，北京理工大学陈姿喧，大连海洋大学王秀利，哈尔滨工业大学刘川鹏，宁夏大学罗仍卓么、王兴平，长治学院雷海英，宿州学院冯凡，辽宁大学杨哲，塔里木大学王有武，山西农业大学段永红。另外，淮阴工学院贾建波、孙金凤，唐山师范学院范永山、张运峰，北京理工大学马宏，河南科技大学侯典云，重庆邮电大学何晓红，陕西科技大学李红心，嘉兴学院朱长俊参与了第一版的编写工作，在此表示衷心的感谢。

本教材可供生物类、农学类、食品类、药学类等专业的本科院校师生，科研院所科研人员和企事业单位技术人员等使用，也可供其他相关专业的学生选修或自学时参考。

第二版教材虽然经编者认真勘校，还是会存在某些不妥之处，敬请同行及广大读者批评指正。

编　者

2022 年 2 月

目　录

第二部分 分子生物学常用实验技术 /35

第一部分

分子生物学实验基础知识

第1章 分子生物学实验室规则和安全

分子生物学飞速发展，分子生物学相关的理论和技术已深入生命科学的各个领域，一些常用的技术，如基因组 DNA 的分离纯化、质粒 DNA 的抽提及纯化、RNA 的提取、PCR 扩增、Southern 杂交等成为分子生物学研究的强有力工具，对分子生物学的发展起了巨大的推动作用。然而，这些实验操作技术涉及氯仿、DEPC(diethylprocarbonate，二乙基焦碳酸酯、焦碳酸二乙酯)、同位素等有毒有害或具放射性的物质，对环境和人身安全造成威胁。因此，有必要弄清这些有害有毒或具放射性的物质的危害，加强实验室安全管理，建立良好的制度和处理方案，以保证分子生物学实验室良好运行。

1.1 实验室一般规则

在实验室内应遵守以下的一般规则：

(1) 保持肃静。不喧哗、打闹，创造安静、有序的实验环境。

(2) 保持整洁。实验时应穿工作服，书包等物品按规定放置整齐，不随地吐痰。实验结束后，清洁器材和工作台，彻底清洗玻璃仪器、离心管等实验物品，物归原处，实验废弃物(如火柴棒、滤纸等)应放入指定容器，不得随意乱丢。

(3) 严格操作。认真预习，做好准备，切忌盲目操作，以提高效率。实验时严格遵守操作规程，仔细观察，做好记录，认真书写实验报告，不合格者必须重写。吸头、滴管等专用专放，以防交叉污染。使用仪器时必须在教师指导下进行，不得随意乱动。使用微量移液器前，必须熟读其使用方法。玻璃仪器应轻拿轻放。

(4) 注意节约。爱护器材，节约试剂、水电，防止浪费。无故损坏酌情赔偿。

(5) 保证安全。室内严禁吸烟。加热时，管口不能对着人。使用危险有毒物品时严格按要求操作，使用放射性物质时应注意防护和防止污染。如有意外，立即报告实验指导教师和管理人员。实验完毕，做好实验台面和地面的清洁卫生，关好门、窗、水、电等。

1.2 实验室常识

(1) 使用贵重仪器如分析天平、分光光度计、离心机、微量移液器等，应十分谨慎，备加爱护，使用前应熟知其使用方法。若有问题随时请教指导教师。使用时，要严格遵守操作规程，如遇试剂溅污仪器应及时用洁净纱布擦拭。发生故障时，应立即关机，告知实验管理人员，不得擅自拆修。

(2) 凡有挥发性物质、烟雾、有毒和有异味气体产生的实验，均应在通风橱内进行。用后试剂严密封口，尽量缩短操作时间，减少外泄，操作者最好戴口罩、手套。凡见光易变质的试剂，应用棕色瓶贮存，或用黑纸包裹，或每次少量配制。

(3) 配制试剂时，应了解试剂纯度、相对分子质量等特性。用过的器皿应及时用自来水浸泡，以便于清洗和减少对器皿的侵蚀。取用试剂或溶液后，需立即将瓶盖盖严，并放回原处。取出的试剂或溶液，如未用尽，切勿倒回瓶内，以免掺混。

(4) 称量试剂时，应用称量纸，不可用滤纸，标签上要写明试剂名称、规格、浓度、配制日期及配制人，标签应贴在试剂瓶 2/3 高度处。

(5) 洗净的器皿应倒置在架上，让其自然干燥，不能用抹布擦拭。

1.3　实验室安全基础知识

分子生物学实验室里，化学试剂种类繁多且成分复杂，实验人员经常与毒性很强、有腐蚀性、易燃烧或有爆炸性的化学药品及传染性细菌或病毒等接触，如果处理不好、管理不善，就会对实验人员和环境造成危害。因此，必须十分重视安全工作。应完善实验室安全制度，加强分子生物学实验室的安全管理。对不同的化学品进行分类，专人专管，对易燃、剧毒物品应有领用管理办法，签订安全责任书，做到责任到人。同时，加强对危险化学品的购买、运输、贮存和使用的监督管理，使实验室的安全工作做到规范化、制度化和标准化。此外，分子生物学实验中，经常用整只动物或动物的部分组织器官进行实验，因此，应建立健全实验动物的临时饲喂、管理和死后处理制度，对动物的食物、排泄物及毛发及时进行处理，对动物的抓咬、逃逸等也应有严格的管理规定。

进入同位素室前先穿铅衣，戴上一次性手套，再用盖革计数器将可能污染的物品全部检查一遍，在确保没有放射源的情况下开始实验；实验中有氯仿、四氯化碳等有毒的挥发性气体时，必须在通风橱里进行操作等。设计实验时要尽量选择无公害、低毒品做实验，实验残液、残渣要少，要可回收，以减少污染，保护环境。

(1) 严格执行《实验室生物安全通用要求》(GB 19489—2008)。该国家标准对生物安全分级、实验室设施设备的配置、个人防护和实验室安全行为等方面进行了规定，要求生物工作者严格按不同等级水平和评价标准进行操作。

(2) 了解电闸、水阀等所在处，离开实验室时，一定要将室内检查一遍，将水、电等关好，将门、窗锁好。

(3) 使用电器设备(如烘箱、恒温水浴锅、离心机、电泳仪等)时，严防触电，绝不可用湿手或在眼睛旁视时操作电闸或电器开关。检查电器设备是否漏电时，应将手背轻轻触及仪器表面，凡是漏电的仪器，一律不能使用。

(4) 使用高压灭菌锅时，不得离人。易燃易爆、腐蚀有毒的试剂绝不能放在高压灭菌锅内灭菌，以防爆炸，造成人身伤亡。

(5) 使用可燃物，特别是易燃物(如乙醚、丙酮、乙醇等)时，应特别小心。如果不慎溅出少量的易燃液体，应按下法处理：立即关闭室内所有的电源和电加热器；打开门和窗户；用毛巾或抹布擦拭溅出的液体，并将回收的液体拧入大口的容器中，然后倒入带塞的玻璃缸内。在超净工作台操作时,手用乙醇擦拭后,须晾干后,才能点燃酒精灯,防止烧伤。

(6) 凡使用腐蚀性试剂(如浓酸、浓碱等),必须谨慎操作,防止溅出。对于挥发性酸,应在通风橱内操作,同时在下面放一托盘,一旦洒出,立即用大量自来水冲洗。若溅在实验台上或地面上,必须及时用湿抹布或拖布反复擦洗干净,不得留痕迹。

(7) 紫外光可损伤眼视网膜,紫外光也是诱变剂和致癌的。因此,切勿用裸眼观察紫外光和使用没有防护装置的紫外光源。在紫外光下操作时要戴合适的防护手套。

(8) 氨苄青霉素可因吸入、咽下或皮肤吸收而危害健康。操作时戴合适的手套和安全眼镜,并在通风橱内操作。

(9) 废液,特别是强酸、强碱,不能直接倒在水池中。应先稀释,然后倒入水池,再用大量自来水冲洗水池及下水道。

(10) 有毒物品应按实验室的规定办理审批手续后方可领取,使用时严格操作,用后妥善处理。

(11) 所有微生物培养物均不可以以活菌形式直接倒入下水道排放,须经灭活处理。

1.4 实验室合理设计和布局

实验室的布局是实验室安全的一个重要环节。因此,对实验室应进行合理布局,划分专用的功能区,规定人员物品移动路线,控制进、出通道等。同时,确保实验动物不能逃逸,非实验室动物(野鼠、昆虫等)不能进入,实验室内仪器的摆放要既合理又方便操作。对实验室废液应根据其性质选择适宜的有明显标记的容器和存放地点,密闭保存。同位素室设于人员活动较少、较偏的房间,并由专人负责管理。核酸电泳时要用到溴化乙锭(ethidium bromide,EB)进行染色,因此,电泳室要设于相对偏僻且方便的单间。进行电泳操作时,要防止 EB 扩散,一只手戴一次性手套,接触 EB 区,另一只手接触无 EB 的器皿(如微波炉、电泳仪、冰箱等)。

1.5 实验室急救

在实验过程中不慎发生意外事故时,不要惊慌,应立即采取急救措施。

(1) 触电。立即关闭电源;用干木棍将导线与被害者分开;将被害者移至木板上,与地面分离;急救者应做好防触电安全措施,手和脚必须有绝缘保护。

(2) 火灾。先将电源关闭,移走一切易燃物品,并迅速将火扑灭。根据火势大小,可采用湿抹布、湿工作服、沙土、灭火器、消防水龙头等灭火。但应注意,起火之物不能与水混合者(如汽油、乙醚等)因能浮于水面,扩大燃烧面积,故不能用水灭火。即便是能与水混合者(如乙醇),能否用水灭火,要视其量的多少而定。酒精灯倾倒着火时,可用湿抹布覆盖阻隔氧气灭火。衣服着火时,切勿奔跑,以免火势加剧,可就地打滚压住着火部位,再用水浇灭。

(3) 烫伤。一般用乙醇消毒,然后涂 2%苦味酸溶液或 5%鞣酸溶液,用冰袋敷。若皮肤起疱,不要弄破水疱,防止感染。对于烧伤严重者,应用无菌纱布敷好伤口后,急送医院处理。

(4) 玻璃割伤或其他器械损伤。首先必须检查伤口内有无玻璃或金属碎片,然后用硼酸溶液洗净,再涂上碘酒,必要时用无菌纱布包扎。若伤口较大或较深而大量出血,应迅速采取止血措施,同时送医院急救。

(5) 灼伤皮肤。强碱:先用大量自来水冲洗,再用 5%硼酸溶液或 2%乙酸溶液涂洗。强酸、溴:先用大量自来水冲洗,再用 5%碳酸氢钠溶液、5%氨水洗涤。苯酚:创面用 75%乙醇擦洗至无酚味,再用浸过甘油、聚乙二醇、聚乙二醇和乙醇混合液的棉花擦洗 10～15 min,用硫酸钠饱和溶液、5%碳酸氢钠溶液湿敷 1 h,然后用水冲洗。严重者需送医院处理。

1.6 废弃物、放射性物质及有毒物质的处理

1.6.1 实验耗材和生物材料的处理

实验中废弃的吸头、离心管、手套、试管等定期灭菌后,深埋;废弃的玻璃制品和金属物品应使用专用容器分类收集,统一回收处理。实验中废弃的活性生物材料,特别是细胞和微生物,必须及时灭活和消毒处理;实验动物尸体或器官须及时进行妥善处置,按要求消毒,统一送有关部门集中焚烧处理。

1.6.2 放射性物质的处理

放射性同位素技术具有灵敏、简便和廉价等优点,在分子生物学实验室应用普遍,但由于放射性物质的辐射会给人体造成损伤,如果使用不当或操作不规范,会造成环境污染,甚至损害人员健康。在进行放射性同位素操作时一定要注意个人防护,包括使用专用衣帽手套及防护背心、挡板等。针对放射性物质的污染进行安全性教育,实行责任到人,对放射性物质实行统一保管、集中存放、集中处理。在定购放射性物质时,根据需要量安排。α-^{31}P 半衰期为14.5 天,在 Southern 杂交中应用较广,是危害较大的放射性物质。DNA 杂交时,在探针标记、洗膜等几个阶段都涉及放射性物质。对含 α-^{31}P 的固体废物,放入铁皮箱 10 个半衰期(约半年)后埋到指定的地点;对于 α-^{31}P 浓度较高的液体废物(如首次洗膜液),在厚实的塑料桶放置 8 个半衰期后倒入专用的下水道;α-^{31}P 浓度较低的液体废物(如二、三次洗膜液),则直接倒入专用的下水道。

1.6.3 常见的有毒物质的处理

对于溴化乙锭、Trizol、DEPC、氯仿、丙烯酰胺、二甲亚砜、十二烷基硫酸钠等毒性高、环境危害大的物质,分类收集后统一处理。

(1) 溴化乙锭(EB):EB 是一种强烈诱变剂并有中度毒性,应戴手套操作。对于含有 EB 的溶液,不应直接倒入下水道,用后应妥善净化处理。对 EB 含量大于 0.5 μg/mL 的溶液,先用水稀释至 EB 浓度在 0.5 μg/mL 以下,每 100 mL 溶液加入 100 mg 活性炭,不时轻轻摇荡混匀,室温下放置 1 h,用滤纸过滤,将活性炭与滤纸密封在塑料袋中作为有害废物丢弃。或用专用一次性染料清除袋吸附过夜,再焚烧袋子即可。EB 接触物,如抹布、吸头等应埋入地下。

(2) Trizol:提取组织和细胞 RNA 的一种重要试剂。在提取 RNA 时一定要在通风橱进行。如皮肤接触 Trizol,应立即用大量去垢剂和水冲洗,将废液埋入地下。

(3) DEPC:RNA 酶的强抑制剂,一种潜在的致癌物质。操作时戴口罩,在通风橱中进行。沾到手上时立即冲洗,废液通过废液道排放。

(4) 氯仿(chloroform,$CHCl_3$):常用于 DNA 和 RNA 提取,对皮肤、眼睛、黏膜和呼吸道有强烈的刺激作用和腐蚀性,易损害肝和肾。操作时戴手套在通风橱里进行,废液收集后埋入地下。

(5) 丙烯酰胺(acrylamide):DNA 测序、SSR 及蛋白质分离等技术中作为电泳支持物,具神经毒性,聚合后毒性消失。操作时戴手套在通风橱内进行。聚丙烯酰胺凝胶没有毒性,可随普通垃圾一起扔掉,千万不要倒入下水道。

(6) 二甲亚砜(DMSO):一种既溶于水又溶于有机溶剂的非质子极性溶剂,常用作细胞的冻存液和用于配制 AS。皮肤沾上之后用大量的水洗及1%~5%氨水洗涤。

(7) 十二烷基硫酸钠(sodium dodecyl sulfate, SDS):有毒,易损害眼睛。质粒提取时作为裂解液破坏细胞膜,Southern 杂交时用作洗膜液中的去垢剂。操作时戴合适的手套和安全护目镜,不要吸入其粉末。

第2章 分子生物学实验常用仪器设备及其操作

2.1 分子生物学实验常用仪器设备

分子生物学实验常用仪器设备如下：

(1) 超声波破碎仪；

(2) 垂直混合仪；

(3) 紫外光灯(BIO-RAD,或类似的简易验钞灯)；

(4) 小型高速离心机、冷冻离心机；

(5) 电泳仪；

(6) 水平板电泳系统(电泳槽、梳子、灌胶盒等)；

(7) 垂直板电泳系统(电泳槽、梳子、灌胶架等)；

(8) 凝胶转印系统(凝胶转移夹、海绵垫等)；

(9) 紫外分析仪或凝胶成像系统；

(10) 摇床；

(11) 微波炉；

(12) 高压灭菌锅；

(13) 恒温水浴锅；

(14) 恒温培养箱；

(15) 旋涡混合器；

(16) 恒温振荡培养箱；

(17) 冰箱；

(18) 制冰机；

(19) 可调式移液管(10 μL、200 μL、1000 μL,每组1套)；

(20) 带盖小塑料盒；

(21) 搪瓷盘；

(22) 分析天平；

(23) 分光光度计；

(24) 数字式酸度计；

(25) PCR仪；

(26) 水的净化装置。

2.2 冷冻离心机

低温离心技术是分子生物学研究中必不可少的手段。基因片段的分离、蛋白质的沉淀和回收以及其他生物样品的分离制备实验中都离不开低温离心技术,因此冷冻离心机成为分子生物学研究中必备的重要仪器。在国内,有多个厂家生产冷冻离心机。

1. 安装与调试

离心机应放置在水平、坚固的地面上,四周留空至少 10 cm 且处于良好的通风环境中,周围空气应呈中性,且无导电性灰尘、易燃气体和腐蚀性气体,环境温度应在 0～30 ℃,相对湿度小于 80%。试转前应先打开门盖,用手盘动转轴,确认轻巧灵活、无异常现象方可装上所用的转子。转子准确到位后打开电源开关,然后用手按住门盖开关,再按运转键,转动后立即停止,并观察转轴的转向,若逆时针旋转即为正确,机器可投入使用。

2. 操作程序

(1) 插上电源,待机指示灯亮;打开电源开关,调速与定时系统的数码管显示的闪烁数字为机器工作转速的出厂设定值,温控系统的数码管显示此时离心腔的温度。

(2) 设定机器的工作参数,如工作温度、运转时间、工作转速等。

(3) 将预先平衡好的样品放置于转头样品架上,关闭门盖。

(4) 按控制面板的运转键,离心机开始运转。在预先设定的加速时间内,其运速升至预先设定的值。

(5) 在预先设定的运转时间(不包括减速时间)内,离心机开始减速,其转速在预先设定的减速时间内降至零。

(6) 按控制面板上的停止键,数码管显示“dedT”,数秒钟后即显示闪烁的转速值,这时机器已准备好下一次工作。

3. 注意事项

(1) 离心机应始终处于水平位置,外接电源系统的电压要匹配,并要求接地良好。机器不使用时,要拔掉电源插头。

(2) 开机前应检查转头安装是否牢固,机腔中有无异物掉入。

(3) 样品应预先平衡,使用离心筒离心时离心筒与样品应同时平衡。

(4) 挥发性或腐蚀性液体离心时,应使用带盖的离心管,并确保液体不外漏,以免腐蚀机腔或造成事故。

(5) 除工作温度、运转速度和运转时间外,不要随意更改机器的工作参数,以免影响机器性能。转速设定值不得超过最高转速,以确保机器安全运转。

(6) 使用中如出现 0.00 或其他数字,机器不运转,应关机断电,10 s 后重新开机,待显示所设转速后,再按运转键,机器将照常运转。

(7) 不得在机器运转过程中或转子未停稳的情况下打开门盖,以免发生事故。

(8) 每次操作完毕,应打开盖子,擦干冷凝水滴后再关上盖子。做好使用情况记录,并定期对机器各项性能进行测试。

2.3 电泳仪

电泳技术是分子生物学研究不可缺少的重要手段。电泳一般分为自由界面电泳和区带电泳两大类。自由界面电泳不需支持物，如等速电泳、密度梯度电泳及显微电泳等，这类电泳目前已很少使用。区带电泳需用各种类型的物质作为支持物，常用的支持物有滤纸、乙酸纤维素薄膜、非凝胶性支持物、凝胶性支持物及硅胶-G 薄层等，分子生物学实验中最常用的是琼脂糖凝胶电泳。应用电泳法可以对不同物质进行定性或半定量分析，将一定混合物进行组分分析或提取制备单个组分。下面以 DYY-12 型电脑三恒多用电泳仪为例介绍其使用方法。

1. 使用方法

(1) 按电源开关，显示屏出现“欢迎使用 DYY-12 型电脑三恒多用电泳仪”等字样，同时系统初始化，蜂鸣 4 声，屏幕转换成参数设置状态：

U：	0 V	U=	100 V	|	Mode：	STD
I：	0 mA	I=	50 mA	|		
P：	0 W	P=	50 W	|		
T：	00：00	T=	01：00	|		

其中：左侧部分为电泳时实际值；中间部分显示程序的常设值（预置值）。Mode（模式）选项为：STD（标准）；TIME（定时）；VH（伏时）；STEP（分步）。

(2) 设置工作程序。用键盘输入新的工作程序。例如，要求工作电压 U=1000 V，电流 I 限制在 200 mA 以下，功率 P 限制在 100 W 以下，时间 T 为 3 小时 20 分，并且到时间自动停止输出。操作步骤如下：

①按模式（Mode）键，将工作模式由标准（STD）转为定时（TIME）模式。每按一下模式键，其工作方式按下列顺序改变：STD→TIME→VH→STEP→STD。

②先设置电压 U，按“选择”键，先使“U”反显，然后输入数字键即可设置该参数的数值。按数字“1000”，电压即设置完成。

③设置电流 I，按“选择”键，先使“I”反显，然后输入数字“200”。

④设置功率 P，按“选择”键，先使“P”反显，然后输入数字“100”。

⑤设置时间 T，按“选择”键，先使“T”反显，然后输入数字“320”。如果输入错误，可以按“清除”键，再重新输入。

⑥确认各参数无误后，按“启动”键，启动电泳仪输出程序。在显示屏状态栏中显示“Start!”并蜂鸣 4 声，提醒操作者电泳仪将输出高电压，注意安全。之后逐渐将输出电压升至设置值。同时在状态栏中显示“Run”，并有两个不断闪烁的高压符号，表示端口已有电压输出。在状态栏最下方，显示实际的工作时间（精确到秒）。

⑦每次启动输出时，仪器自动将此时的设置数值存入“MO”号存储单元。以后需要调用时可以按“读取”键，再按“0”键、“确定”键，即可将上次设置的工作程序取出执行。

⑧电泳结束，仪器显示“END”，并连续蜂鸣提醒。此时按任一键可止鸣。

2. 注意事项

(1) U、I、P 三个参数的有效输入范围如下：U 为 5～3000 V；I 为 4～400 mA；P 为 4～400 W。

(2) 一般情况下,当显示“No Load!”时,首先应关机,检查电导仪与电泳槽之间是否连接好,可以用万用表的欧姆挡逐段测量。

(3) 如果输出端接多个电泳槽,则仪器显示的电流数值为各槽电流之和,此时应选择稳压输出,以减小各槽的相互影响。

(4) 注意保持仪器的清洁,不要遮挡仪器后方进风通道。严禁将电泳槽放在仪器顶部,避免缓冲液流进仪器内部。

(5) 仪器输出电压较高,使用中应避免接触输出回路及电泳槽内部,以免发生危险。

(6) 长期不用的仪器,应放置在干燥、通风、清洁的环境中保存。

2.4 分析天平

分析天平是定量分析工作中不可缺少的重要仪器,充分了解仪器性能,熟练掌握其使用方法,是获得可靠分析结果的保证。分析天平的种类很多,有普通分析天平、半自动/全自动电光分析天平及电子分析天平等。目前实验室常用的是自动化程度较高的电子分析天平。下面介绍 PL203/01 型和 AL104/01 型电子分析天平的性能及使用方法。PL203/01 型精密电子天平:最大称量值 210 g,实际分度值 0.001 g。AL104/01 型高分辨率电子分析天平:最大称量值 110 g,实际分度值 0.0001 g。

1. 使用方法

(1) 检查并调整天平至水平位置。检查电源电压是否匹配(使用配置的稳压器),按天平使用说明书要求通电预热至所需时间(30 min)。

(2) 打开天平开关,则天平自动进行灵敏度及零点调节。待显示屏上所有字段短时亮后,天平回零时,可进行正式称量。

(3) 称量时将洁净称量瓶或称量纸置于称量盘上,关上侧门,天平将显示其质量,点击“O/T”键自动归零,然后逐渐加入待称物质,直至所需质量为止。

(4) 称量结束,应及时除去称量瓶(纸),关上侧门,切断电源,并做好使用情况登记。

2. 注意事项

(1) 天平应放置在牢固、平稳的水泥台或木台上,室内要求清洁、干燥,同时应避免光线直接照射到天平上。

(2) 称量时应从侧门取放物质,读数时应关闭箱门以免空气流动引起天平摆动。

(3) 挥发性、腐蚀性(强酸或强碱类)物质应盛于带盖称量瓶内称量,防止腐蚀天平。

(4) 电子分析天平若长时间不使用,则应定时通电预热,每周一次,每次预热 2 h,以确保仪器始终处于良好状态。

2.5 分光光度计

不同物质对不同波长入射光的吸收程度各不相同,从而形成各具特征的吸收光谱。根据这一原理,应用比色法可以对某些有色物质进行定性或定量分析。但比色法仅限于可见光区,而且精度低,已远远不能满足高精度微量分析的要求。随着科学技术不断发展,分析仪器也不断地更新换代，人们引进了分光光度法的概念，分光光度计随之产生。分光光度计由光源、单色器、吸收池、接收器、显示屏幕组成，它不仅适应于可见光区，同时还扩展至紫外光区及红外光区。光密度(OD)是许多溶液中的溶质定量的指标之一，仪器通过所产生的单色光而测定某一溶液对该单色光的吸收值。分子生物学实验中常使用紫外分光光度计进行核酸溶液定量和纯度的初步判断。下面介绍紫外可见光分光光度计(以 GeneQant Pro，Amersham 为例)的使用方法。该仪器除了能检测核酸样品浓度外，还可进行蛋白质浓度以及细胞培养液浓度的测定，能检测低至几微升的样品，样品无须稀释，测量后还可全部回收。

1. 使用方法

(1) 打开电源开关，等待数秒钟，显示屏上显示一系列数据，如本机型号、当前日期等，这些数据可以重新设置，当出现"Instrument Ready"即可进入下一程序。

(2) 在仪器面板上有许多功能键，包括 base sep、T_m、DNA、RNA、oligo、Protein595 assay、Protein280 meas、cell culture 等。例如，欲检测 DNA 时，按"DNA"键，即进入 DNA 检测程序。在显示屏上显示：

Pathlength	10 mm
Units	μg/μL
Use 320 nm	NO
Dilution Factor	1
Insert Reference	

以上为仪器预设置的参考数据，若按"enter"键和"select"键，可以将以上参数进行重新设定。

(3) 取石英样品杯(70 μL 或 5～7 μL)，容量大小根据需要而定。先用吸管吸取超纯水，加入样品杯中，然后放入仪器上的样品槽中，放入时注意样品杯的光学面朝前方。

(4) 按"set ref"键，进行空白测试。显示屏上出现一系列数据，均为"0.000"，并提示插入样品"Insert Sample "。将样品杯取出，吸干水分，稍干燥后，同样吸入待测样品，放入样品槽中进行测定。

(5) 一个样品测定完毕，按"stop"键，返回"Instrument Ready"。

(6) 取出样品杯，吸出样品，然后用超纯水洗几次，自然晾干。

2. 注意事项

由于样品杯十分昂贵，使用时要小心操作。不能用手指拿样品杯的光学面，用后要及时洗涤，可使用温水、稀盐酸、乙醇或铬酸洗液(浓酸中浸泡时间不要超过 15 min)，表面只能用柔软的绒布或镜头纸擦净。

2.6　数字式酸度计

酸度计是实验室配制溶液时常用的仪器。下面以台式微电脑酸度计(pH211 型，pH 测量范围为 0.00～14.00，温度测量范围为 0.0～100.0 ℃)为例进行介绍。

1. 使用方法

(1) 将 pH 电极和温度探头与主机连接，主机与电源连接。

(2) 取出电极保护套，如果电极有结晶盐出现，这是常见现象，浸入水后就会消失。如果薄膜玻璃或透析膜发干,可在电极保存液中浸泡 1 h。

(3) pH 校准。将 pH 电极和温度探棒浸泡在所选的标准缓冲液(建议用 pH 6.86、7.01)内。插入至液面下约 4 cm,缓冲液温度值可通过“D ℃”或“N ℃”键来调节。按“CAL”键,仪器将显示“CAL”和“BUF”符号及“7.01”数据。当读数不稳定时,屏幕会显示“NOT READY”;当读数稳定时,屏幕会显示“READY”和“CFM”,按“CFM”键确认校准值。确认第一校准点后,将 pH 电极与温度探棒浸泡在标准缓冲液(建议用 pH 4.01、9.18、10.01)内。插入至液面下约 4 cm,再按“CAL”键,仪器将显示“CAL”和“BUF”符号及“4.01”数据。按“CFM”键确认校正值。

(4) pH 测量。校准完毕后,仪器自动进入 pH 测量状态,将电极与温度探棒浸泡在待测溶液内。插入至液面下约 4 cm,停留几分钟让电极读数稳定。

2. 注意事项

(1) 由于 pH211 型酸度计内装有可充电电池,在刚购买或长时间放置后再使用时,通电校正测量完毕,即可将电源插头继续插在电源插座内,只需关闭酸度计开关,这样可以保证电池充电,使校正值得以贮存,下次测量时无须校正即可进行精确测量。

(2) 不可用蒸馏水、去离子水或纯水浸泡电极。如果 pH 读数偏差太大(±1),则是由于没有校正或电极变干。为避免电极受损,在关机前要将 pH 电极从溶液中拿出。当处于关机状态时,在电极浸入电极保存液前,电极要与仪器分开。

(3) 如仪器已测过几种不同的样品溶液,应用自来水清洗,或在插入待测样品溶液前,用待测样品溶液清洗电极。

(4) 温度会影响 pH 的读数,为测量准确的 pH,温度要在合适的范围内,并进行自动温度补偿,将温度探棒浸入样品中,紧靠电极并停留几分钟,如果被测溶液的温度已知或测量是在相同温度下进行,只需手动补偿,那么此时温度探棒不用连接,屏幕上会显示温度读数,伴有信号闪烁。温度可通过“N ℃”或“D ℃”键来调节。

2.7 普通 PCR 仪

PCR 仪也称为 DNA 热循环仪、基因扩增仪。PCR 技术是先将一段寡核苷酸引物结合到正、负 DNA 链上的靶序列两侧,再通过 DNA 聚合酶进行专一性的循环复制(每一循环包括 DNA 变性、引物复性、DNA 聚合酶催化的延伸反应,共三个步骤,各步骤的温度不同),将一段基因复制为原来的百万个拷贝,使特定基因在试管内大量合成。

根据 DNA 扩增的目的和检测的标准,可以将 PCR 仪分为普通 PCR 仪、梯度 PCR 仪、原位 PCR 仪和实时荧光定量 PCR 仪四类。下面先介绍普通 PCR 仪。

1. 普通 PCR 仪(以 Bio-Rad T100 Thermal Cycler 为例)简介

Bio-Rad T100 Thermal Cycler 具有 96 孔的反应模块,可使用标准 96 孔板、联管或单管等多种耗材。仪器的样品体积为 1~100 μL,推荐的体积为 15~50 μL。仪器主要包括以下几个部分:①加热模块:放置装有样品的标准 96 孔板、联管或单管;②热盖:加热样品管的顶部,预防样品蒸发和冷凝;③触屏:用于反映程序的编辑、修改和运行,实时显示运行程序;④USB 接口:外接 USB,导出数据;⑤LED 指示灯:仪器正常运行时,指示灯亮;⑥散热口:有通风功能,用于仪器的快速升温和降温。

2. 使用方法

(1) 开机后，显示触屏界面，触屏上四个按钮的功能如下：①New Protocol：创立一个新的反应程序；②Saved Protocols：查看、编辑、运行存储的程序；③Incubate：可长时间维持一个恒定的温度，与水浴锅功能相似；④Tools：设置、仪器自检、仪器信息、软件升级。

(2) 创立新的程序及运行：点击触屏界面的"New Protocol"按钮，进入编辑界面，在"Volume"中设置反应体积，推荐体积为 15～50 μL；其次设置温度、时间、循环次数等；按"Save"按钮，保存该程序。如需添加或删除温度梯度，选择一个反应步骤，点击"Options"，进入步骤优化窗口。按"Run"按钮，运行该程序。

(3) 编辑程序：选择已保存的程序，点击触屏界面的"Saved Protocols"按钮，下有文件夹"Folds"及下属文件"Files"，选择一个文件，界面上有详细程序。按"Edit"，可对该程序进行微调。

(4) 设置温度梯度：选择一个反应步骤，点击"Options"，进入步骤优化窗口，选择"Gradient"，在"Back row"输入温度梯度的最高温度，在"Front row"输入温度梯度的最低温度，右边会显示从 A 到 H 每一行的温度值。注意：该仪器温度梯度范围为 1～25 ℃。点击"OK"，返回程序主界面，最低和最高温度的温度梯度显示在反应步骤中，可以点击温度，直接修改温度梯度，不用再进入"Options"。

(5) 孵育：点击触屏界面"Incubate"按钮，编辑"Block temperature"，输入温度值，即设置孵育温度。编辑"Hold time"，输入孵育时间，即设置孵育时间，也可设为无限长时间。编辑"Lid temperature"，输入温度值（推荐 105 ℃并保持此温度，防止样品蒸发或冷凝）。点击"Run"按钮，运行该孵育程序。结束孵育功能时，点击"Cancel"。

(6) 工具栏：开机进入主界面，点击"Tools"，进入选择界面，包括：①"Settings"：仪器的系统设置；②"Self-Test"：仪器自检设置，检测各部件的功能；③"Logs"：查看运行程序界面，可以拷贝到 USB 接口存储器；④"About"：查看软件的版本和仪器的机身号；⑤"Update Firmware"：升级仪器的版本；⑥"Service Login"：从 Bio-Rad 厂家获得帮助服务。

(7) 仪器日常维护：使用时远离易燃易爆物品，远离水源，防止液体渗入仪器内部，保持仪器工作环境的稳定性，远离离心机等震动仪器。仪器采用半导体双向控温技术，由内置风机散热，故不得堵塞仪器两侧及底部的通风口，并远离热源，保持良好的通风。仪器使用时环境温度为 4～32 ℃，相对湿度为 20%～80%；尽量避免 4 ℃以下过夜使用仪器，以免影响仪器的寿命。

2.8　实时荧光定量 PCR 仪

实时荧光定量 PCR 是通过荧光染料或荧光标记的特异性的探针，使用 0.2 mL 单管、八联管、96 孔板等，对 PCR 产物进行标记、跟踪，实时在线监控反应过程，结合相应的软件对产物进行分析，计算待测样品模板的初始浓度。该技术可用于核酸定量、基因表达水平分析、基因突变检测、GMO（genetically modified organism，转基因生物）检测及产物特异性分析等多种研究，以及临床疾病、传染病诊断和疗效评价，动物疾病检测，食品安全检测等领域。

实时荧光定量 PCR 仪（以 Bio-Rad CFX 96 Touch 为例）使用方法如下：

1. 开始运行仪器

打开实时荧光定量 PCR 仪电源开关,打开计算机,启动 CFX Maestro 软件。

2. 设置反应程序

(1) 建立一个程序:点击菜单"File"→"New"→"Protocol",设置反应温度、反应时间、循环次数。点击"Insert Step"可增加一个温度步骤,点击"Insert Gradient"可对梯度中的最低和最高温度值进行编辑。点击"Insert GO TO"可增加一个反应循环。选择一个反应步骤后,点击"Insert Melt Curve",可增加熔解曲线,在图像中点击温度值来编辑熔解曲线的最低和最高温度。选择一个反应步骤后,点击"Add Plate Read to Step",在程序中指定获取荧光数据的时间;如果当前的高亮显示步骤已经进行了读板设置,则这一选项变为"Remove Plate Read",如果在这一步不想获取读数,则点击"Remove Plate Read"。点击"Step Option"可显示梯度中的不同温度。选择一个反应步骤后,点击"Delete Step",即可删除该步骤。设置完程序后,在主菜单"File"下点击"Save"或 "Save as"保存设置。点击"OK",完成反应程序设置。

(2) 设置反应板:点击菜单"File"→"New"→"Plate",在右侧界面的选项中点击"Select Fluorophores",在弹出的对话框中选择反应荧光类型,如"SYBR";在主界面选择某一样品对应的孔,然后在右侧"Sample Type"中选择对应样品的类型,一般选"Unknown";在主界面选择某一基因对应的孔,在右侧"Target Names"下"Load"后面方框中打对勾,并且在对话框中选择或输入基因名称;在主界面选择某一个组,在"Biological Group"中进行分组,在对话框中输入组别名称;选择主界面选中重复反应孔,在右侧界面"Replicate"选择重复数值,点击"Apply",完成重复设置,点击"Cancel"可删除该设置。点击右侧界面"Experiment Setting",在弹出对话框中选择内参基因,并在"Reference"下面对应方框中打对勾。点击"OK",完成内参设置。设置反应板后,在主菜单"File"下点击"Save"或 "Save as"保存反应板设置。点击"OK",完成反应板设置。

3. 运行程序

回到主页,点击"Prime PCR",在弹出对话框中选择反应类型,如点击"SYBR",即选择荧光定量。在"Run Setup"界面,点击"Protocol",选择"Create New"或"Select Existing",即为选择新建程序或已保存的程序。新建方法同上。点击"Plate",选择"Create New"或"Select Existing",即为选择新建反应板或已保存的反应板。在"Express Load"下选择反应覆盖的通道。点击"Start Run",弹出对话框中点击"Open Lid"(打开热盖),等待仪器盖子缓慢打开,放入反应样品。点击"Close Lid"(关闭热盖),点击"Start Run"键开始运行程序,"Flash Block"绿灯闪烁则仪器开始运行。

4. 进行结果分析

(1) PCR 反应结束后,软件会自动计算标准曲线和 C_t 值等。

(2) 如需进行表达量分析、等位基因分析等,则在软件窗口选择相应分析功能。

5. 关闭运行仪器

实验结束后取出反应管,按顺序关闭 CFX Maestro 软件、实时荧光定量 PCR 仪电源和计算机。

2.9 凝胶成像系统

凝胶成像系统是对 DNA、RNA、蛋白质等凝胶电泳不同染色(如 E B、考马氏亮蓝、银染、

SYBR Green)及微孔板、平皿等非化学发光成像进行检测分析。凝胶成像系统可以应用于相对分子质量计算、密度扫描、密度定量、PCR半定量等生物工程常规研究,是分子生物学及生化蛋白实验的重要检测工具。该系统包括暗箱、紫外透射仪、摄像头、变焦镜、计算机以及专业凝胶图像采集及分析软件。

凝胶成像系统(以Bio-Rad Gel Doc XR^{+}为例)使用方法如下:

(1) 启动计算机,打开Image lab凝胶成像软件,进入用户界面。

(2) 点击主菜单"新建实验协议",在应用程序下点击"选择"按钮,出现"核酸凝胶""蛋白质凝胶""印记"和"自定义"。在"核酸凝胶"下,选择核酸染料类型:Ethidium Bromide、SYBR Green、SYBR Safe、SYBR Gold、Gel Green、Gel Red和Fast Blast,共七种类型。核酸染料通常选用"Ethidium Bromide"。成像区点击"选择凝胶类型",一般选择默认项"Bio-Rad Mini Ready Agarose Gel";图像曝光区点击"软件将自动优化曝光时间",选择默认项"强条带"。在"显示选项"去掉"高亮显示饱和像素"方框中的对勾。

(3) 打开凝胶成像系统电源开关,打开紫外光源。放入凝胶,在软件界面点击"放置凝胶",调整好位置,关门。点击"运行实验协议",选择弹出的滤光片,点击"确定",即采集图像。运行结束后,可点击"图像变换"图标,对图像进行微调。点击"保存",可保存原文件及图片。

(4) 采集图像结束后,关闭暗箱电源开关,从暗箱中取出凝胶,并将玻璃板擦拭干净。关闭仪器和计算机。

2.10 多功能微孔板酶标仪

酶标仪是一种用途广泛的生物检验医疗设备,利用酶联免疫分析法,基于酶标记原理,根据呈色物的有无和呈色深浅进行定性或定量分析,适用于临床检验、微生物学、流行病学、免疫学、内分泌学以及农林科学等领域。多功能酶标仪又称多功能微孔板检测仪或多功能微孔板检测平台,可对以微孔板为体系的实验提供多种模式的检测,可进行吸光度(Abs)、荧光强度(FI)、时间分辨荧光(TRF)、荧光偏振(FP)和化学发光(Lum)检测,常用于检测DNA、RNA,蛋白质测试及定量,微孔板的化学发光,ELISA,酶动力学,药物解离代谢测试,Intrinsic tryptophan荧光测试和绿色荧光蛋白的测试等。

多功能酶标仪(以BioTek公司的Synergy LX型为例)进行核酸定量的使用方法如下:

(1) 仪器的连接:按照操作指南连接酶标仪与计算机,确保电源线和USB接口正常后,打开酶标仪和计算机。

(2) 仪器自检,打开Gen 5软件,出现主界面。

(3) 在Take 3应用程序选择"核酸定量",弹出界面,在主菜单的孔类型中选择"微量样品""BioCell"或"比色杯"(核酸检测一般选择"微量样品"),样品类型中选择"dsDNA(双链DNA)""RNA""ssDNA(单链DNA)"。在板布局界面的孔类型中选择"本底"与"样品";同时相应地在微量检测板区域选择对应的本底与样品的位置。"复本"为样品重复数值,可根据需要增加;方向有"向下"和"横向",对应于样品的放置方向。

(4) 样品检测:设置好程序后,点击右侧界面的"检测",弹出对话框提示放置样品,将加好样品(2 μL)的Take 3微量检测板放进酶标仪,点击"确定",运行测定。待仪器运行结束,点击右侧界面"批准",获得结果,在主菜单"文件"下选择"保存"或"另存为",进行结果保存。

(5) 样品检测结束后,将 Take 3 微量检测板用蒸馏水冲洗干净,用擦镜纸吸干后放入专用收纳盒。

(6) 检测结束后,关闭酶标仪和计算机。

2.11 摇床

摇床为实验室的常规设备。下面以 SHK-99-Ⅱ型台式空气恒温摇床为例说明,该型摇床采用微电脑控制系统,温度范围为 5~60 ℃,精度±0.5 ℃;时间范围为 1 min~100 h;转速范围为 60~250 r/min。

1. 使用方法

(1) LED 屏幕上各段数据:

	RPM	Temp	Time
1	000	00.0	00:00

屏幕上"1"表示第一段,如果是第二段则为"2","RPM"表示每分钟转速,"Temp"表示温度,"Time"表示时间,不设定时可自动累计时间一直运行。"Temp""RPM""Time"的值随时可以修改,改后按新值运行。

(2) 工作程序设置。按"F1"键,进入设置状态。可在速度、温度、时间、运行四部分之间切换。在每一部分按"F2"键输入数据,输入完十位上的数据,再按"F2"键,输入个位上的数据;再按"F2"键,到小数位;再按"F2"键,又到十位,如此循环。

(3) 再按"F1"键,转回运行状态,按"Start"键,电机开始运行,并开始计时。

(4) 按"End"键,结束系统运行。

2. 注意事项

(1) 打开电源,系统开始自检,等待 LCD 屏幕出现"WELCOME"字样,系统自检完毕,可以进行第(2)步参数设置。若屏幕出现:①"TEMP ERROR",表示温度检测线路有错误;②"MOTOR ERROR",表示电机部分有错误。

(2) 运行过程中可以打开箱盖,这时电机不运行,也停止计时,盖上箱盖后接着运行。

(3) 工作完毕,关闭电源。关机后,要等一段时间再开机。

2.12 水的净化装置

分子生物学实验对水的纯度要求越来越高,一般蒸馏水常常难以满足实验要求,大多要求进行第二次蒸馏(双蒸水),它可以去除水中的大部分有机杂质,但制作时间较长,而且无机杂质还是很多。许多实验还需要去离子水,这就需要阴阳离子交换树脂进行处理。目前,分子生物学实验室都使用高质量的超纯水,用于分子克隆、各种色谱分析、氨基酸分析、DNA 测序、酶反应、组织和细胞培养等实验。下面介绍 RO-MB 壁挂式反渗透超纯水机性能及使用方法。RO-MB 反渗透超纯水机产水量(25 ℃)为 10 L/h。产水水质:纯水电导率<10 μS/cm,超纯水电阻率>15 MΩ·cm。可用自来水制成普通实验用水和超纯水,同时满足不同水质要求。用在线电导率仪对产水水质连续检测,可保证产水质量。

1. 使用方法

(1) 准备:先检查与超纯水机相连的原水管路、废水管路连接是否正常,打开原水阀门。检查供电电源是否正常,电源开关是否在关闭状态(按钮弹出状态)。将电源插头插入带有接地线的 220 V 电源插座上。

(2) 开机:依次按下电源开关、泵开关,超纯水机启动产水,同时排出废水,指示灯亮,并处于自动运行状态。

(3) 取纯水:若打开纯水或超纯水出口阀门,则可获得相应水质的纯水。当超纯水出口阀门打开时,检测仪表显示超纯水电导率或电阻值。为了获得高质量的超纯水,可以先放掉一杯水后再取新鲜水。

(4) 关机:不用时可关闭电源开关停机,自来水进水阀门不必关闭,这时超纯水机内部的进水电磁阀已自动切断水路。只要管路阀门不漏,也可使超纯水机保持自动待机状态。

2. 注意事项

(1) 超纯水机的正常工作环境温度为 15～35 ℃,产水量会随温度降低而下降,冬季保养温度不低于 5 ℃。

(2) 预处理滤芯一般 3～6 个月更换一次,实际使用寿命与自来水水质、总过滤量等有关。

(3) 混床滤芯可产超纯水 1～3 t,2～4 个月更换一次,实际使用寿命与自来水水质、水中含盐量、总用水量等有关。设备停运时间超过 2 天,必须定期冲洗维护。夏季宜每天开机 30 min 冲洗一次,冬季每隔 2～3 天开机冲洗一次。

(4) 使用过程中若发现停机后泵仍频繁地每隔数分钟有规则地启动数秒钟又停机,此为管路漏水引起,需及时打开机箱加以解决。若每隔半小时以上启动数秒钟又停机,属正常现象,有利于冲洗和保护反渗透膜元件,避免机内微生物繁殖,减少污物沉积,尤其在高温季节。

2.13 消毒设备

细菌和细胞培养以及核酸等有关实验所用的试剂、器皿及实验用具,应严格灭菌,有的实验还要求没有核酸酶的污染,故应将实验器械、试剂等进行高压消毒。对于导入重组 DNA 分子的菌株,操作后必须进行严格的高压消毒灭活处理。

对大批实验物品、试剂、培养基等可以使用大型消毒器进行消毒。一些不能经受高压、高温消毒的试剂可用滤器滤膜除菌,器皿可用紫外光照射、75%乙醇或 0.1%十二烷基硫酸钠(SDS)溶液浸泡消毒。所有的细胞培养、细菌培养的操作,都应在紫外光消毒后的超净工作台中进行。

下面介绍立式自动压力蒸汽灭菌器(LDZX-40BI)的使用方法。

1. 使用方法

(1) 开盖:转动手轮,使锅盖离开密封圈。

(2) 通电:连接自动进水装置。接通电源,将控制面板上电源开关按至"ON"处。水位低(LOW)时红灯亮,蒸发锅内属断水状态;缺水(LACK)时黄灯亮。

(3) 加水:打开水源,水位达到低水位,控制面板上红灯(低水位)和黄灯(缺水)相继灭,加热灯(1-绿灯)亮,继续加水至高水位(HIGH)绿灯亮,自动停止加水。

(4) 堆放物品:需包扎的灭菌物品,尺寸以不超过 200 mm×100 mm×100 mm 为宜,各包装之间留有间隙，堆放在金属框内，这样有利于蒸汽的穿透，提高灭菌效果。

(5) 密封高压锅：推横梁入立柱内，旋转手轮，使锅盖下压，充分压紧。

(6) 设定温度：通电后数显窗灯亮，上层为红色，显示温度，下层为绿色，可设定温度和时间。先按控制面板上确认键，绿色数显闪烁，进入温度设定状态。按移位键，所指相应位置闪烁，根据所需数据位置进行(单项循环)移位。按"△"(增加)键或"▽"(减少)键，进行所需温度设定。设定完毕，再按一次确认键，进行温度确认。

(7) 设定时间：按确认键，将温度设定切换成时间设定；按移位键，所指相应位置闪烁，根据所需数据位置进行移位；按增加键或减少键，进行所需时间设定。设定完毕，再按一次确认键，进行时间设定确认。时间采用倒计时，当灭菌锅内温度达到设定温度时，定时器开始倒计时。

(8) 灭菌：开始加热时，将下排气阀打开至垂直位置；待下排气阀有蒸汽冒出，温度表显示值为 100 ℃时，将下排气阀推向水平关闭位置；留有微量蒸汽逸出，控制在总流量的 15%为宜。最高灭菌温度为 124～126 ℃，安全阀启动压力设定在 0.145～0.165 MPa，压力超过设定值时，安全阀将自动开启泄压，并开始计数灭菌所需时间。灭菌完成，电控装置将自动关闭加热系统，伴有蜂鸣提醒，并将保温时间切换成"END"显示；此时，将控制面板上电源开关按至"OFF"处；关闭电源，停止加热，待其冷却。

(9) 干燥：物品灭菌后需要迅速干燥，须打开放气阀和下排气阀，将灭菌器内的蒸汽迅速排出，使物品上残留水分快速挥发。

(10) 将盖开启，取出已灭菌物品。关闭水源，打开下排水阀，排尽灭菌室的水与水垢，以备下次使用。

2. 注意事项

(1) 堆放灭菌物品时，严禁堵塞安全阀的出气孔，必须留出空位保证其空气畅通，否则安全阀因出气孔堵塞不能工作，可造成事故。

(2) 给液体灭菌时，应将液体灌装在硬质的耐热玻璃瓶中，以不超过 3/4 体积为宜，瓶塞选用棉纱塞，切勿使用未打孔的橡胶塞或软木塞，特别注意，在给液体灭菌结束时不准立即释放蒸汽，必须待压力表指针回零后方可排放余汽。

(3) 对不同类型、不同灭菌要求的物品，切勿放在一起灭菌，以免顾此失彼，造成损失。

第3章 细菌培养常用培养基和抗生素溶液的配制方法

3.1 常用培养基的配制方法

1. 液体培养基

(1) LB培养基:

将下列组分溶解在0.9 L水中:

蛋白胨	10 g
酵母提取物	5 g
氯化钠	10 g

如果需要,用1 mol/L NaOH溶液(约1 mL)调整pH至7.0,再用水补足至1 L。

(2) TB培养基:

将下列组分溶解在0.9 L水中:

蛋白胨	12 g
酵母提取物	24 g
甘油	4 mL

用水补足到1 L,高压灭菌。培养基冷却到室温后,再加入100 mL经灭菌的磷酸盐缓冲液。磷酸盐缓冲液的配制方法如下:在90 mL去离子水中溶解12.54 g磷酸氢二钾,然后加入去离子水至总体积为100 mL,高压灭菌或用0.22 μm的滤膜过滤除菌。

(3) SOB培养基:

将下列组分溶解在0.9 L水中:

蛋白胨	20 g
酵母提取物	5 g
氯化钠	0.5 g
1 mol/L氯化钾溶液	2.5 mL

用水补足到1 L。分成100 mL的小份,高压灭菌。待培养基冷却到室温后,再在每100 mL的小份中加1 mL灭过菌的1 mol/L氯化镁溶液。

(4) SOC培养基:

成分、方法同SOB培养基的配制,只是在培养基冷却到室温后,除了在每100 mL的小份中加 1 mL 灭过菌的 1 mol/L 氯化镁溶液外，再加 2 mL 灭菌的 1 mol/L 葡萄糖溶液(18 g 葡萄糖溶于足够水中，再用水补足到 100 mL，用 0.22 μm 的滤膜过滤除菌)。

(5) 2×YT 培养基：

将下列组分溶解在 0.9 L 水中：

蛋白胨	16 g
酵母提取物	10 g
氯化钠	4 g

如果需要，用 1 mol/L NaOH 溶液(约 1 mL)调整 pH 至 7.0，再用水补足至 1 L。

注：琼脂平板需添加琼脂粉 12 g/L，上层琼脂平板需添加琼脂粉 7 g/L。

(6) M9 培养基：

将下列组分溶解在 0.75 L 无菌的去离子水中：

5×M9 盐溶液	200 mL
加灭菌的去离子水至	1 L
适当碳源的 20%溶液(如 20%葡萄糖溶液)	20 mL

如有必要，可在 M9 培养基中补加含有适当种类的氨基酸的贮存液。

5×M9 盐溶液的配制方法如下。

在去离子水中溶解下列盐类：

$Na_2HPO_4 \cdot 7H_2O$	64 g
磷酸二氢钾	15 g
氯化钠	2.5 g
氯化铵	5.0 g

用水补足到 0.2 L。

(7) YPD 培养基：

将下列组分溶解在 0.9 L 水中：

蛋白胨	20 g
酵母提取物	10 g
葡萄糖	20 g

用水补足至 1 L 后，高压灭菌。建议在高压灭菌之前，对每升色氨酸营养缺陷型培养基添加 1.6 g 色氨酸，因为 YPD 培养基是色氨酸限制型培养基。

2. 含有琼脂或琼脂糖的培养基

先按上述配方制成液体培养基，临高压灭菌前加入下列试剂中的一份：

细菌培养用琼脂	15 g/L(铺制平板用)
细菌培养用琼脂	7 g/L(配制顶层琼脂用)
琼脂糖	15 g/L(铺制平板用)
琼脂糖	7 g/L(配制顶层琼脂用)

3.2 常用抗生素溶液的配制方法

常用抗生素溶液的配制方法见表 3-1。

表 3-1　常用抗生素溶液的配制

抗　生　素	贮存液*		工作液浓度/(μg/mL)	
	浓度/(mg/mL)	保存温度/℃	严紧型质粒	松弛型质粒
氨苄青霉素	50(溶于水)	－20	20	60
羧苄青霉素	50(溶于水)	－20	20	60
氯霉素	34(溶于乙醇)	－20	25	170
卡那霉素	10(溶于水)	－20	10	50
链霉素	10(溶于水)	－20	10	50
四环素	5(溶于甲醇)	－20	10	50

注:① 以水为溶剂的抗生素贮存液应通过 0.22 μm 滤器过滤除菌,以乙醇为溶剂的抗生素溶液无须除菌处理。所有抗生素溶液均应放于不透光的容器中保存。

② 镁离子是四环素拮抗剂,四环素抗性菌的筛选应使用不含镁盐的培养基(如 LB 培养基)。

第4章 GenBank 数据库简介

4.1 概述

随着基因组学的不断发展以及测序技术的发展与普及，越来越多的研究机构与生物测序公司可以进行测序分析。这些项目产生的大量 DNA 与 RNA 序列信息需要通过生物信息学手段开发成各种类型的数据库，将测序信息有序组织并存储，以便来自世界各地的研究人员能够获得这些信息，进而推动分子生物学、遗传学以及医学研究的发展。掌握基因信息相关的重要数据库及其使用方法，对于进行分子生物学实验至关重要。

基因信息主要来源于各类核苷酸序列数据库。国际上最重要的公共核苷酸序列数据库有3个：

(1) 美国国家生物技术信息中心的 GenBank (https://www.ncbi.nlm.nih.gov/genbank/)。GenBank 序列数据库是对所有公开可利用的核苷酸序列与其翻译的蛋白质进行收集并注释的数据库。它由美国国家生物技术信息中心 (NCBI) 运行和维护，是一个综合性的公共核苷酸序列数据库，包含超过 30 万个属或属以下级别的生物的公开核苷酸序列，其数据主要来自单个实验室大型测序项目和不同实验室的批量测序。GenBank 可通过 NCBI 的 Entrez 检索系统访问，该系统收集了 DNA 和蛋白质序列数据库，分类学的数据、基因组、图谱、蛋白质结构和领域信息，以及通过 PubMed 获得的生物医学杂志等文献。在 NCBI 主页的下拉菜单中可以看见多个选项，代表不同数据库的快速进入通道，通过 Nucleotide 选项能够搜索 GenBank 中的核酸序列标识符和注释信息，使用 GenBank 序列比对工具 BLAST 可以搜索和比对所查询的序列信息。

(2) 日本国立遗传学研究所的 DDBJ(http://www.ddbj.nig.ac.jp/)。日本 DNA 数据库(DDBJ)由日本国立遗传学研究所维护。DDBJ 通过网络接受来自世界各地的核苷酸序列信息。自 1987 年以来，DDBJ 运行中心一直将收集注释核苷酸序列作为其基本工作内容。这项工作是与 NCBI 的 GenBank 以及欧洲核苷酸档案库(ENA)和欧洲生物信息学研究所(EBI)相互合作完成的。

(3) 欧洲分子生物学实验室的 EMBL(http://www.embl-heidelberg.de)数据库。EMBL 于 1974 年由欧洲 14 个国家和亚洲的以色列共同发起建立，现在由欧洲 30 个国家提供支持。EMBL 的研究由大约 85 个独立的小组进行，涵盖分子生物学的多个领域。

这些数据库之间每天都要进行数据交换，以确保所有序列信息的准确性和共享性。其

DNA和RNA序列信息主要来自研究人员的直接提交、基因组测序项目和专利申请。为了保持不同数据文件格式之间的一致性，研究人员采用了一项新的协议，该协议名为国际核苷酸序列数据库协作（International Nucleotide Sequence Database Collaboration，INSDC），可以在http://www.insdc.org网站上找到。INSDC是在与其他各种数据库合作的基础上创建的，其基本内容是建立适当的特定格式以及收集核苷酸序列信息的方案。INSDC还纳入序列的条目信息，特别是数据库中所有条目的统一登录号，从而使检索序列更容易。

目前，这3个数据库已建立数据交换协议，经常交换更新核酸序列资料。对用户而言，在任意一个数据库中递交的序列数据，在3个数据库中都可以检索到。

4.2 GenBank的建立与发展

GenBank的全称为“GenBank Genetic Sequence Data Bank”，该数据库在20世纪80年代初由美国Intelli Genetics（IG）公司和Los Alamos国家实验室（LANL）共同出资创建并负责维护。后来得到美国国立卫生研究院（NIH）、国家医学实验室（NLM）、农业部（USDA）、国家科学基金会（NFS）及能源部（DOE）等机构的持续资助，由美国卫生和人类服务部（U. S. Department of Health & Human Services）注册。GenBank建立的主要目标是收集世界范围内已发表文献中的和由不同实验室自行上传的核苷酸序列以及相关的文献资料，主要作用是为核苷酸序列数据建立档案，以利于长期保存，为国际分子生物学及相关研究提供良好的技术与知识平台。

目前，GenBank由美国国家生物技术信息中心（National Center for Biotechnology Information，NCBI）管理运行，它的数据直接来源于由实验工作者提交的测序数据、由测序公司提交的测序数据和其他来源的测序数据，以及与其他数据机构（DDBJ、EMBL等）协作交换的数据。

GenBank大致经历了以下几个阶段：

(1) 1988—1989年：NCBI处于草创时期，隶属于NIH的国家医学图书馆。一批分子生物学家、数学家、计算机科学家与技术人员开始合作建立新的数据模型，开发检索工具，以适应GenBank数据量的快速增长。

(2) 1990年：开始应用BLAST。BLAST是一种快速检索相似性序列的工具。

(3) 1991年：开始应用Entrez。Entrez是一个整合的数据查询系统。

(4) 1992年：GenBank正式移到NCBI；表达序列标签（expressed sequence tag，EST）技术开始应用，NCBI. dbEST数据库系统建立。

(5) 1993年：开始应用Internet和3-D Entrez。GenBank由CD-ROM转换为网络系统，以适应形势的发展。

(6) 1994年：NCBI-GenBank网页建立。序列标签位点（sequence tagged site，STS）和电子PCR（e-PCR）技术开始应用。

(7) 1995年：开始应用BankIt。BankIt是基于互联网的DNA序列递交软件；开发整合序列和图谱的基因组数据库；开始应用分类浏览器（taxonomy browser），将物种、系统发育信息与Entrez结合。

(8) 1996年：开始应用UniGene数据库和GeneMap系统，整合STS图谱、序列和

UniGene 簇数据，为基因组分析提供基础；开始应用 Sequin 软件，便于大规模、批量投送序列数据。

(9) 1997 年：PubMed 界面实现了 Entrez 软件系统与 MEDLINE 数据库的结合；Entrez Structures 数据库、VAST(vector alignment search t001)算法和 Cn3D 结构浏览器开始用于蛋白质分析；Gapped BLAST 和 PSI-BLAST 开始用于快速序列相似性检索；COG(clusters of orthologous group)方法和系统开始用于基因组分析。

(10) 1998 年：建立 HTGS(高通量基因组序列)组，以适应人类基因组计划的进程；开始应用 PHI-BLAST 序列检索工具；已经贮存两千亿以上的碱基对，其中超过一半来自人类基因组计划。

(11) 1999 年：随着人类基因组计划接近完成，NCBI 将重点转移到人类基因组分析。新的应用软件和数据库系统包括 LocusLink、RefSeq 和 OMIM 等。

近年来 GenBank 中的数据更新非常快(图 4-1)，截至 2022 年 2 月底，GenBank 数据库(Release 248.0)收录了 236338284 条核酸序列(包含 1173984081721 个碱基)，以及与它们相关的文献著作和生物学注释，其信息量非常庞大。每条 GenBank 数据记录包含对序列的简要描述、科学命名、物种分类名称、参考文献、序列特征表，以及序列本身。序列特征表里包含对序列生物学特征的注释，如编码区、转录单元、重复区域、突变位点或修饰位点等。所有数据分类存储，包括细菌类、病毒类、灵长类、啮齿类，以及 EST 数据、基因组测序数据、大规模基因组序列数据等 18 类，其中 EST 数据等又被各自分成若干个文件(表 4-1)。

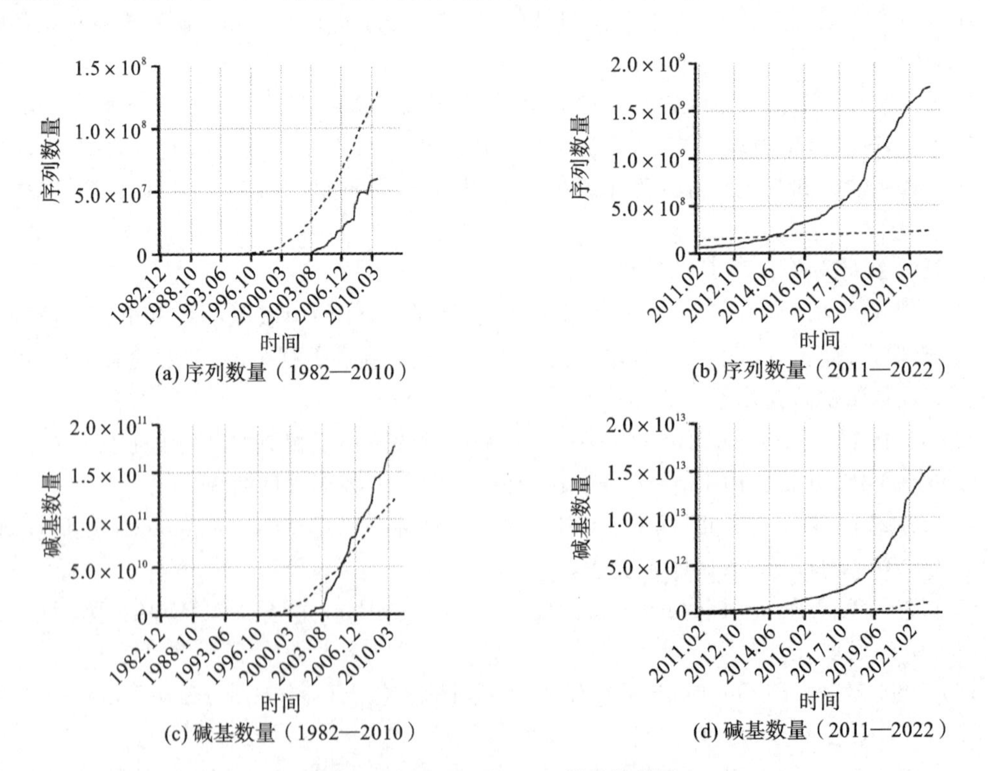

图 4-1　GenBank 和 WGS 增长趋势图

时间为年月；··· GenBank；— WGS

表4-1 GenBank子库分类

名称	英文含义	中文含义
PRI	primate	人类、灵长类
MAM	other mammalian	其他哺乳动物
ROD	rodent	啮齿类动物
VRT	other vertebrate	其他脊椎动物
INV	invertebrate	无脊椎动物
PLN	plant、fungi、algae	植物、真菌、藻类
BCT	prokaryotes、bacterial	细菌、原核生物
VRL	viral	病毒
PHG	bacteriophage	噬菌体
SYN	synthetic	合成产物
EST	expressed sequence tag	表达序列标记
PAT	patent	专利序列
STS	sequence tagged site	序列标记位点
GSS	genome survey sequence	基因组测序序列
HTG	high throughput genomic sequence	高通量基因组序列
UNA	unclassified/ unannotated	未分类/未注释
HTC	unfinished high-throughput cDNA sequencing	未完成的高通量cDNA测序
ENV	environmental sampling sequence	环境采样序列

4.3 GenBank数据库结构

完整的GenBank数据库包括序列文件、索引文件及其他有关文件。索引文件是根据数据库中作者、参考文献等建立的，用于数据库查询。

序列文件是GenBank中最常用的文件。序列文件的基本单位是序列条目，包括核苷酸碱基排列顺序和注释两部分。目前，许多生物信息资源中心通过计算机网络提供该文件。

序列条目具有以下特点：

(1) GenBank序列文件由单个的序列条目组成；

(2) 序列条目由字段组成，每个字段由关键字起始，后面为该字段的具体说明；

(3) 有些字段又分为若干子字段，以次关键字或特性表说明符开始；

(4) 每个序列条目以双斜杠"//"作为结束标记。

序列条目的格式非常重要，关键字从第一列开始，次关键字从第三列开始，特性表说明符从第五列开始。每个字段可以占一行，也可以占若干行。当一行写不下时，继续行以空格开始。

序列条目的关键字包括LOCUS(代码)、DEFINITION(说明)、ACCESSION(编号)、NID符(核酸标识)、KEYWORDS(关键词)、SOURCE(数据来源)、REFERENCE(文献)、

FEATURES(特性表)、BASE COUNT(碱基组成)及 ORIGIN(碱基排列顺序)。新版的核酸序列数据库将引入新的关键词 SV(序列版本号),用“编号.版本号”表示,并取代关键词 NID。

(1) LOCUS(代码):该序列条目的标记,或者说标识符,蕴涵这个序列的功能。该字段还包括其他相关内容,如序列长度、类型、种属来源以及录入日期等。说明字段是有关这一序列的简单描述。

(2) ACCESSION(编号):具有唯一性和永久性,在文献中引用这个序列时,应该以此编号为准。

(3) KEYWORDS(关键词):由该序列的提交者提供,包括该序列的基因产物以及其他相关信息。

(4) SOURCE(数据来源):说明该序列是从什么物种、什么生物样本类型得到的,次关键字 ORGANISM(种属)指出该生物体的分类。

(5) REFERENCE(文献):说明该序列中的相关文献,包括 AUTHORS(作者)、TITLE(题目)及 JOURNAL(杂志名)等,以次关键词列出。该字段中一般还列出医学文献摘要数据库 MEDLINE 的代码。该代码实际上是个超链接,点击它可以直接调用上述文献摘要。一个序列可以有多篇文献,以不同序号表示,并标明该序列与文献的哪一部分有关。

(6) FEATURES(特性表):具有特定的格式,用来详细描述序列特性(表 4-2),包括蛋白质编码区与翻译所得的氨基酸序列、外显子和内含子位置、转录单位、突变单位、修饰单位、重复序列等信息,以及与蛋白质数据库 SwissProt 和分类学数据库 Taxonomy 等其他数据库的交叉索引编号。通过带有“/db_xref/”标志的字符可以链接到其他数据库。

(7) BASE COUNT(碱基组成):给出序列中的碱基组成,A、T、G、C 每类的个数。

(8) ORIGIN(碱基排列顺序):序列的引导行,引导碱基序列,以双斜杠“//”结束。

表 4-2　GenBank 数据库特征表

名　称	含　义	释义及说明
Allele	related strain contains alternative gene form	等位基因的不同形式
Attenuator	sequence related to transcription termination	转录终止区
C_region	span of the C immunological feature	C-免疫特征区
CAAT_signal	CAAT box in eukaryotic promoters	真核生物启动子中 CAAT 盒
CDS	sequence coding for amino acids in protein (includes stop codon)	蛋白质编码区
Conflict	independent sequence determinations differ	不同测定结果所得差异序列
db_xref	database cross-reference: pointer to related information in another database	数据库交叉引用:链接到另一个数据库中的相关信息
D-loop	displacement loop	转移环
D_segment	span of the D immunological feature	D-免疫特征区
Enhancer	*cis*-acting enhancer of promoter function	启动子顺式作用增强子
GC_signal	GC box in eukaryotic promoters	真核生物启动子中 GC 盒

续表

名　称	含　义	释义及说明
Gene	region that defines a functional gene possibly, including upstream (promotor, enhancer, etc) and downstream control elements, and for which a name has been assigned	基因区域，包括上游启动子、增强子和下游控制区
IDNA	intervening DNA eliminated by recombination	重组引入的插入区
Intron	transcribed region excised by mRNA splicing	内含子区域
J_region	span of the J immunological feature	J-免疫特征区
LTR	long terminal repeat	长终止重复序列
Mat_peptide	mature peptide coding region (does not include stop codon)	成熟肽编码区
Misc_binding	miscellaneous binding site	其他结合位点
Misc_difference	miscellaneous difference feature	其他特征区
Misc_feature	region of biological significance that cannot be described by any other feature	其他重要生物功能区
Misc_recomb	miscellaneous recombination feature	其他重组特征区
Misc_RNA	miscellaneous transcript feature not defined by other RNA keys	其他转录特征区
Misc_signal	miscellaneous signal	其他信号区
Misc_structure	miscellaneous DNA or RNA structure	其他 DNA 或 RNA 结构
Modified_base	the indicated base is a modified nucleotide	修饰碱基
MRNA	messenger RNA	mRNA 区域
Mutation	a mutation alters the sequence here	突变区
N_region	span of the N immunological feature	N-免疫特征区
Old_sequence	presented sequence revises a previous version	旧版本序列
PolyA_signal	signal for cleavage & polyadenylation	多聚 A 信号区
PolyA_site	site at which polyadenine is added to mRNA	mRNA 的多聚 A 添加位点
Precursor_RNA	any RNA species that is not yet the mature RNA product	前体 RNA
Prim_transcript	primary (unprocessed) transcript	初始(未处理)转录区
Primer	primer binding region used with PCR	PCR 引物结合位点
Primer_bind	non-covalent primer binding site	引物非共价结合位点
Promoter	a region involved in transcription initiation	启动子区域
Protein_bind	non-covalent protein binding site on DNA or RNA	蛋白质非共价结合位点

续表

名　称	含　义	释义及说明
RBS	ribosome binding site	核糖体结合位点
Rep_origin	replication origin for duplex DNA	复制起始区
Repeat_region	sequence containing repeated subsequences	重复序列区域
Repeat_unit	one repeated unit of a repeated region	重复序列区域的重复单位
RRNA	ribosomal RNA	核糖体 RNA
S_region	span of the S immunological feature	S-免疫特征区
Satellite	satellite repeated sequence	卫星 DNA 重复序列
ScRNA	small cytoplasmic RNA	细胞质内小 RNA
Sig_peptide	signal peptide coding region	信号肽编码区
SnRNA	small nuclear RNA	核内小 RNA
Source	a GenBank record of mandatory feature, one or more per record	NCBI 分类学数据库记录号
Stem_loop	hair-pin loop structure in DNA or RNA	DNA 或 RNA 中的发夹环
STS	sequence tagged site; operationally unique sequence that identifies the combination of primer spans used in a PCR assay	序列标签位点
TATA_signal	TATA box in eukaryotic promoters	真核生物启动子中 TATA 盒
Terminator	sequence causing transcription termination	转录终止位点
Transit_peptide	transit peptide coding region	转运肽编码区
Transposon	transposable element (TN)	转座子
TRNA	transfer RNA	tRNA 区域
Unsure	authors are unsure about the sequence in this region	未确定区
V_region	span of the V immunological feature	V-免疫特征区
Variation	a related population contains stable mutation	变异区
－(hyphen)	placeholder	
－10_signal	‘pribnow box’ in prokaryotic promoters	真核生物启动子中－10 位点
－35_signal	‘－35 box’ in prokaryotic promoters	原核生物启动子中－35 位点
3′clip	3′-most region of a precursor transcript removed in processing	前体转录时切除的 3′端区域
3′UTR	3′-untranslated region (trailer)	3′端不翻译区域
5′clip	5′-most region of a precursor transcript removed in processing	前体转录时切除的 5′端区域
5′UTR	5′-untranslated region (leader)	5′端不翻译区域

4.4　基因基本信息检索

在开展分子生物学的研究前，要了解所研究的基因的详细信息，包括基因在不同物种的表达情况、在同一物种不同器官的表达情况，以及基因表达产物的相关功能。目前查找基因序列及与基因相关的功能有多种检索网站，例如，GenBank、UCSC 基因组浏览器、GeneCards 等。

GenBank 的检索如下：

(1) 通过 Entrez Nucleotide 工具，利用关键词进行检索，可搜索 CoreNucleotide、dbEST 和 dbGSS 这三部分的序列。

(2) 通过 BLAST(basic local alignment search tool)进行搜索，此方法同样可搜索 CoreNucleotide、dbEST 和 dbGSS 三部分的序列。

(3) 通过 NCBI 的 E-utilities 软件，实现自动化、大批量从 Entrez 数据库下载数据。

图 4-2 所示为 NCBI-GenBank 主页。

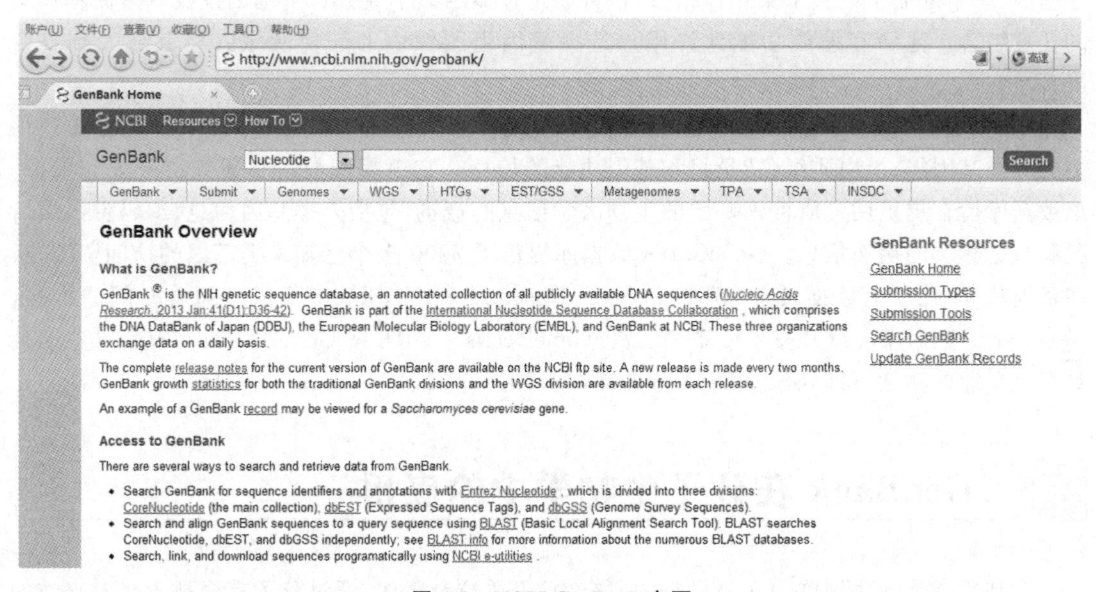

图 4-2　NCBI-GenBank 主页

举例：关键词检索方法

如查询牛的生长激素基因的序列资料。在浏览器地址栏输入 http://www.ncbi.nlm.nih.gov/nucleotide/，在图 4-2 所示界面的查询框中直接键入“bos GH gene”，按回车键，即出现检索结果。如果知道 GenBank 登录号，直接输入登录号，可以精确地查找被检索的序列信息。图 4-3 所示为核酸序列检索界面。

UCSC 基因组浏览器(http://genome.ucsc.edu/)是由加州大学圣克鲁斯分校(UCSC)托管的可在线下载的基因组浏览器。自 2001 年以来，UCSC 基因组浏览器团队不断地向网站添加数据和软件功能。作为一个交互式的网站，人们可以利用它访问来自脊椎动物和无脊椎动物物种以及主要模式生物的基因组序列数据。UCSC 浏览器与其他基因组浏览器相比，具有一项独特而有用的功能，就是能够体现基因组序列中连续多样的特征。它可以显示任何大小的序列：从单个 DNA 碱基到整个染色体，以及每个部分的注释信息。用户可以选择显示单

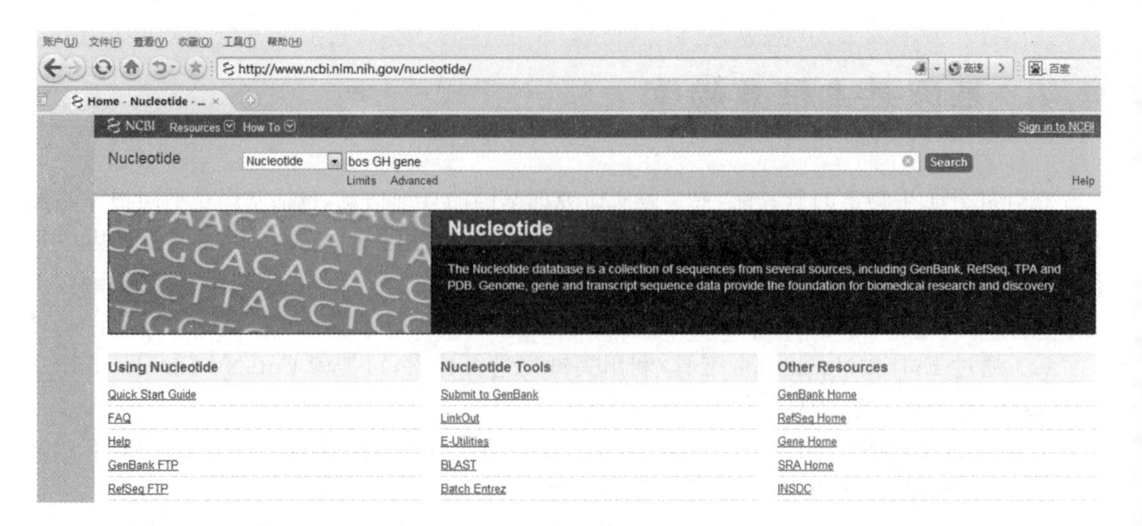

图 4-3　核酸序列检索界面

个基因、单个外显子或整个染色体条带,也可以选择显示数十或数百个基因以及许多注释类型的任意组合。拖动和缩放功能允许用户选择基因组图像中的任何区域并将其放大到整个屏幕。

GeneCards(https://www. genecards. org/)是一个人类基因数据库,提供所有已知和预测的人类基因组、蛋白质组、转录组和基因功能的信息。它由魏茨曼科学研究所开发和维护。该数据库旨在提供用户所搜索基因的生物医学信息的概览,包括人类基因信息、编码蛋白质情况和与之相关的疾病信息。GeneCards 数据库提供了 7000 多个已知人类基因的访问资源,这些基因从 90 种以上数据资源(例如 HGNC、Ensembl 和 NCBI)中集成。随着时间的推移,GeneCards 数据库陆续开发了一系列工具(GeneDecks、GeneLoc、GeneALaCart 等),这些工具具有更专业的功能,可以满足用户不同的需求。

4.5　GenBank 在分子生物学中的应用

在利用哺乳动物细胞为实验材料的研究中,以质粒为载体,通过分子克隆技术将感兴趣的蛋白质实现过表达是常用的实验手段。如果想表达感兴趣的蛋白质,就必须先获得该蛋白质的 CDS 区,即 mRNA 的编码区,并将该区域构建到所选择的质粒载体上。下面以人类常见的 GAPDH(甘油醛-3-磷酸脱氢酶)基因为例,介绍在分子克隆实验中如何利用 GenBank 获取 CDS 区序列。

(1)首先在网页中输入网址 https://www. ncbi. nlm. nih. gov/,进入"NCBI"主页面,选择右下方"GenBank",并点击进入(图 4-4)。

(2) 进入"GenBank"主页面后,在检索栏前面的选项为"Nucleotide"时,输入"GAPDH",点击 "Search"(图 4-5)。

(3) 在搜索结果中找到所需要的基因,点击进入(在此以人类 GAPDH 基因为例),如图 4-6所示。需要注意的是,在进行研究前,必须确定所研究的基因所属的物种类型及表达的位置,以保证序列的准确性。

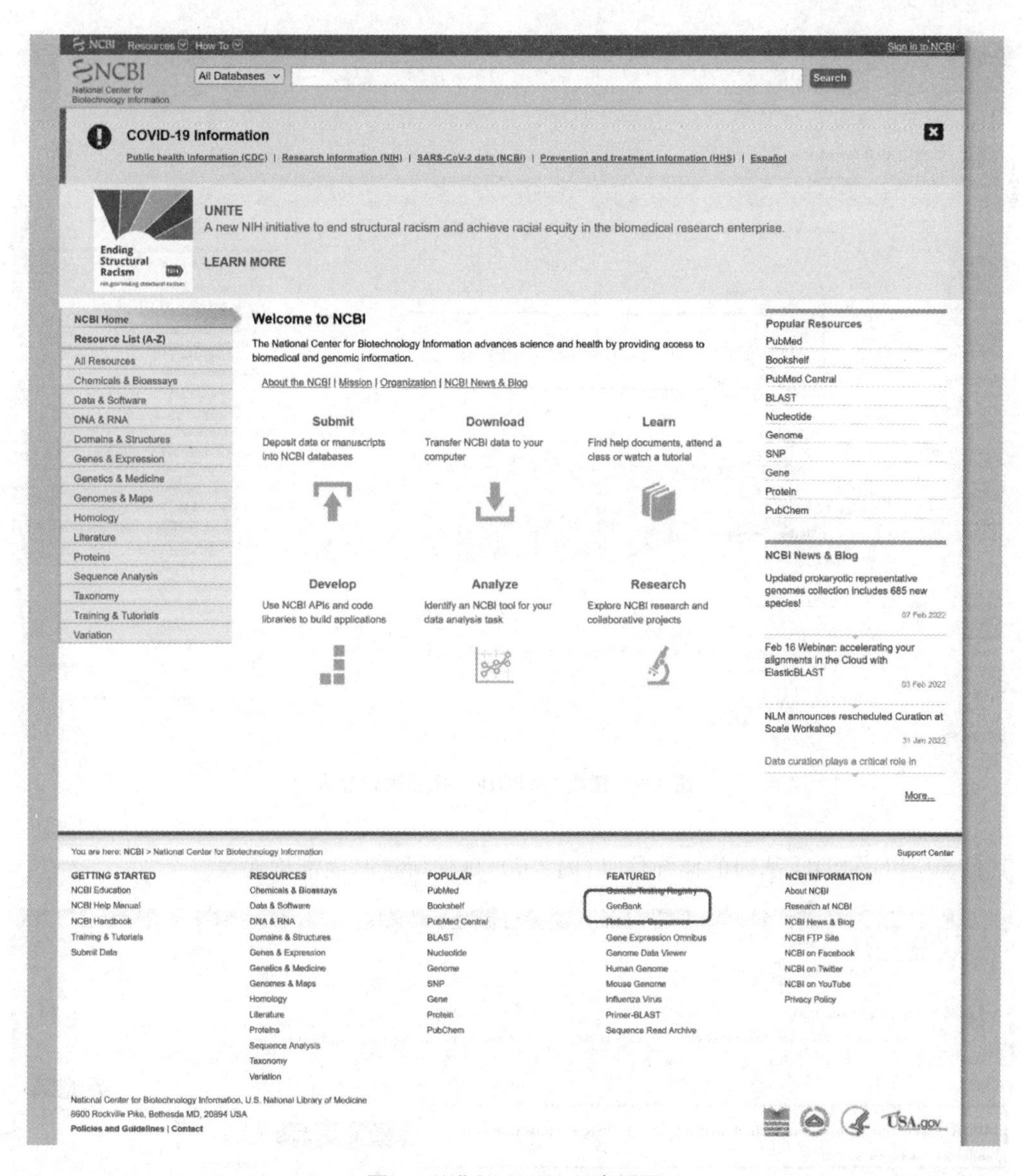

图 4-4　进入 GenBank 主页面

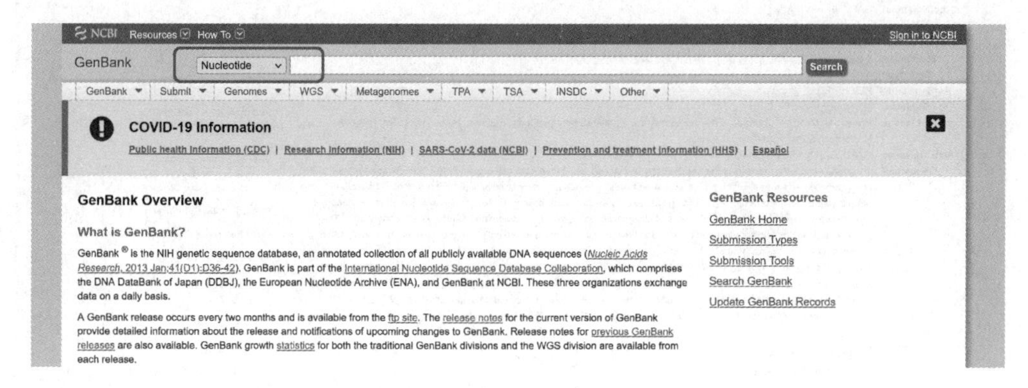

图 4-5　进入 Nucleotide 选项输入 GAPDH

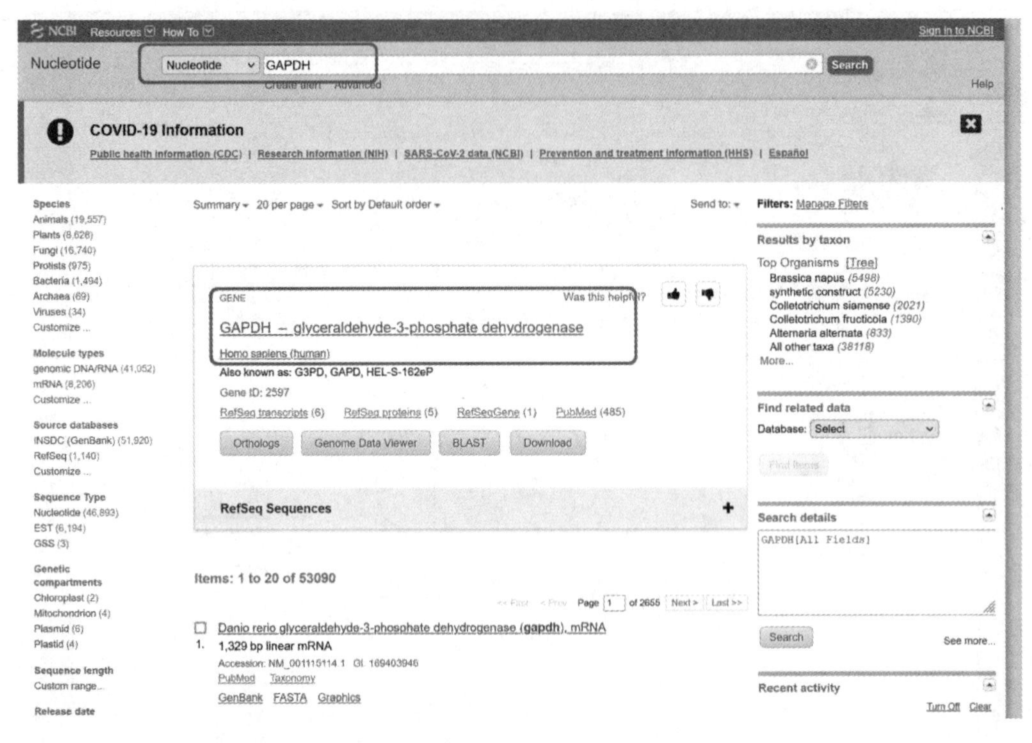

图 4-6 搜索 GAPDH 选择序列信息

(4) 观察 GAPDH 基因的详细信息(图 4-7),确保所选基因准确无误。

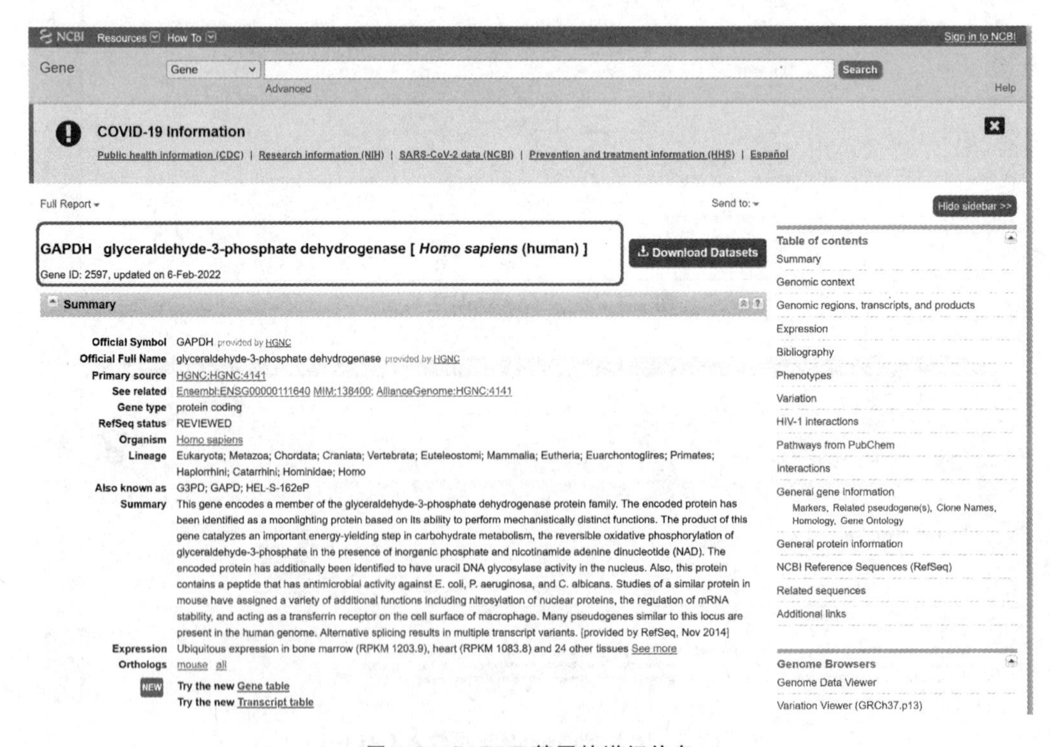

图 4-7 GAPDH 基因的详细信息

(5) 拖动页面,找到“mRNA and Protein(s)”。这里会展示该蛋白质的不同亚型,在实验过程中应根据实验需要选择准确的亚型(这里以 isoform 1 为例),点击选择核酸序列信息(图 4-8,NM 代表核酸,NP 代表蛋白质)。

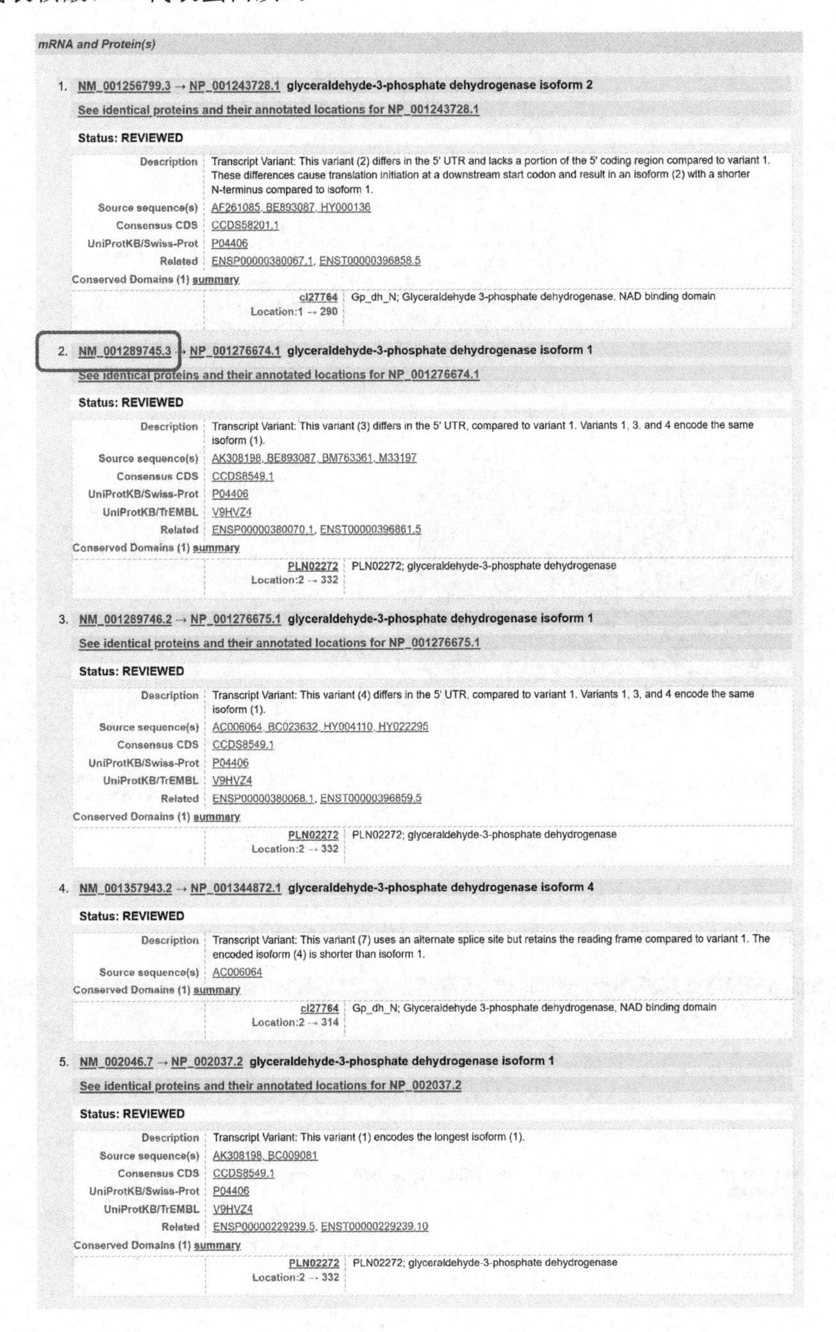

图 4-8　选择 GAPDH 的 mRNA 信息

(6) 在新页面点击下方的“CDS”,之后跳转到高亮部分,此时高亮部分为表达此段蛋白质的 CDS 序列,界面的右下角出现此基因的详细信息(图 4-9),如产物、翻译后序列,以及蛋白质编号。点击“FASTA”。

(7) 进入序列界面后,点击右侧“Send to”,依次选择“Complete Record”“File”

```
                    /gene_synonym="G3PD; GAPD; HEL-S-162eP"
                    /inference="alignment:Splign:2.1.0"
CDS                 169..1176
                    /gene="GAPDH"
                    /gene_synonym="G3PD; GAPD; HEL-S-162eP"
                    /EC_number="1.2.1.12"
                    /note="isoform 1 is encoded by transcript variant 3;
                    aging-associated gene 9 protein; OCAS, p38 component;
                    peptidyl-cysteine S-nitrosylase GAPDH; epididymis
                    secretory sperm binding protein Li 162eP; Oct1 coactivator
                    in S phase, 38 Kd component"
                    /codon_start=1
                    /product="glyceraldehyde-3-phosphate dehydrogenase isoform
                    1"
                    /protein_id="NP_001276674.1"
                    /db_xref="CCDS:CCDS8549.1"
                    /db_xref="GeneID:2597"
                    /db_xref="HGNC:HGNC:4141"
                    /db_xref="MIM:138400"
                    /translation="MGKVKVGVNGFGRIGRLVTRAAFNSGKVDIVAINDPFIDLNYMV
                    YMFQYDSTHGKFHGTVKAENGKLVINGNPITIFQERDPSKIKWGDAGAEYVVESTGVF
                    TTMEKAGAHLQGGAKRVIISAPSADAPMFVMGVNHEKYDNSLKIISNASCTTNCLAPL
                    AKVIHDNFGIVEGLMTTVHAITATQKTVDGPSGKLWRDGRGALQNIIPASTGAAKAVG
                    KVIPELNGKLTGMAFRVPTANVSVVDLTCRLEKPAKYDDIKKVVKQASEGPLKGILGY
                    TEHQVVSSDFNSDTHSSTFDAGAGIALNDHFVKLISWYDNEFGYSNRVVDLMAHMASK
                    E"
```

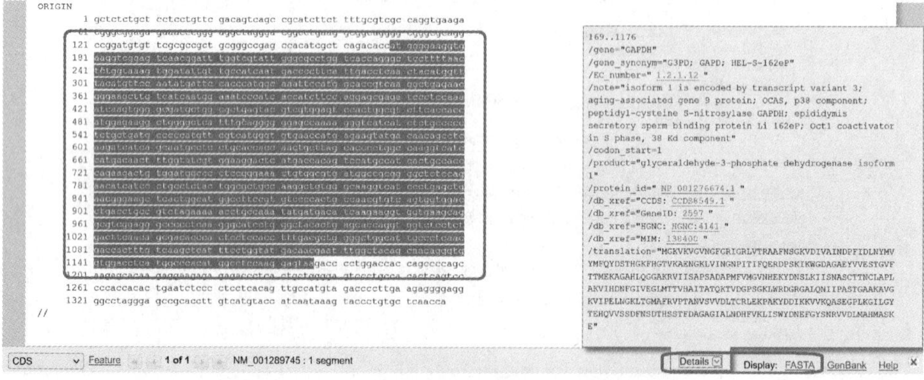

图 4-9　获得 GAPDH 的 CDS 区序列信息

"FASTA",最后选择"Create File",最后保存到本地(图 4-10)。注意 Format 选项卡下拉的选项是指要下载的文件格式,此选项要根据所下载的软件能否打开来选择。

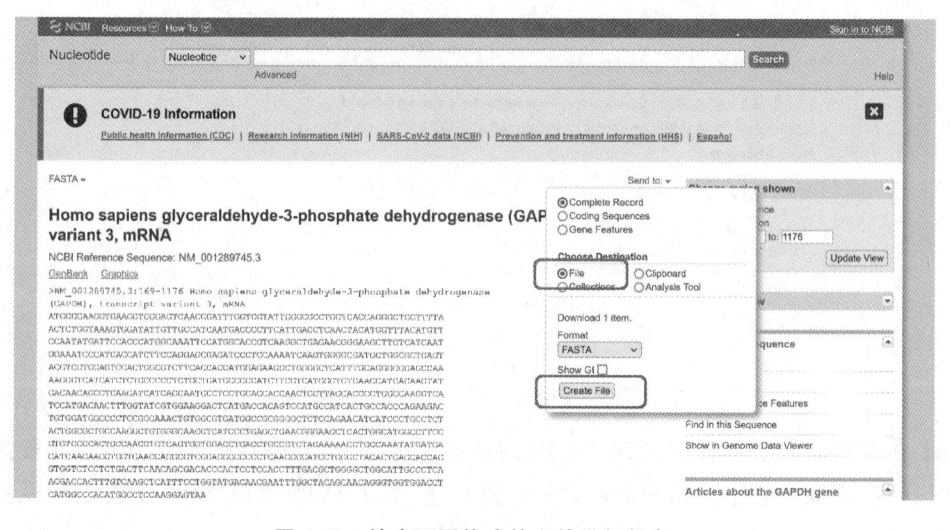

图 4-10　输出不同格式的文件进行保存

第二部分

分子生物学常用实验技术

第5章 核酸的制备

5.1 核酸制备的原理与方法

核酸(nucleic acid)是一种主要位于细胞核内的生物大分子,负责生物体遗传信息的携带和传递。其中 DNA 分子含有生物物种的所有遗传信息,为双链分子,其中大多数是链状结构大分子,也有少部分呈环状结构,相对分子质量一般很大。RNA 主要是负责 DNA 遗传信息的翻译和表达,为单链分子,其相对分子质量要比 DNA 的小得多。核酸存在于所有动植物细胞、微生物和病毒、噬菌体内,是生命的最基本物质之一,对生物的生长、遗传、变异等现象起着决定作用。

5.1.1 染色体 DNA 制备的原理和方法

染色体 DNA 一般为双链 DNA,是非常惰性的化学物质,其潜在的反应基团隐藏在中央螺旋内,并通过氢键紧密连接。它的碱基对外侧受到磷酸和糖基形成的强大环层的保护,这种保护因内在的碱基堆积力而进一步加强。研究证明,染色体 DNA 是生物主要的遗传物质,其大部分或几乎全部 DNA 都集中在细胞核或核质体内。

染色体 DNA 是进行现代分子生物学相关研究的重要材料,因此,研究染色体 DNA 提取技术是一项重要的内容。虽然双链 DNA 在化学上是稳定的,但它在物理上仍是易碎的。大相对分子质量的 DNA 长而弯曲,仅具有极微的侧向稳定性,因此,易受到最柔和的流体剪切力的伤害。由于多数生物的基因组 DNA 均较大(表 5-1),在提取过程中,也就易受到损伤。

核酸的分离与纯化技术是生物化学与分子生物学的一项基本技术。随着分子生物学技术广泛应用于生物学、医学及相关领域,核酸的分离与纯化技术也得到进一步发展。从生物中提取基因组 DNA 主要分为两个步骤:先是温和地裂解及溶解 DNA,接着采用化学或酶学的方法,去除蛋白质、RNA 以及其他大分子。

1. 细胞破碎的方法

(1) 机械破碎法。

① 研磨法:将剪碎的动植物组织放置于研钵中,用研杵研磨。为了提高研磨的效率,通常向研钵内加入一定量的石英砂,但要注意其对有效成分的吸附作用。用匀浆器也能破碎细胞组织,但较温和,适宜实验室中使用。

表5-1　不同物种的基因组大小

生物类型	生物名称	DNA大小/bp	备注
病毒	Φ-X174噬菌体	5387	最早完成测序的基因组
	λ噬菌体	5×10^4	
细菌	大肠杆菌	4×10^6	
	根瘤土壤杆菌	4.8×10^6	
	幽门螺杆菌	1.6×10^6	
	甲烷杆菌	1.7×10^6	
真核生物	无恒变形虫	67×10^{11}	
	贝母	13×10^{11}	
	酿酒酵母	2×10^7	
	秀丽隐杆线虫	8×10^7	
	水稻	4.2×10^8	
	黑腹果蝇	2×10^8	
	人	3×10^9	DNA长度约为1.8 m

② 超声波法：多用于微生物细胞破碎，输出功率为100～200 W，破碎时间为3～15 min。由于时间较长，通常采用间歇处理或低温处理。

③ 组织捣碎法：用捣碎器处理30～45 s可以将植物和动物细胞完全破碎。如果破碎酵母等菌，则需要加入石英砂方才有效。但要保持低温，且时间不宜太长。

④ 压榨法：用30 MPa左右的压力使细胞穿过直径小于细胞的小孔，致使其被挤碎、压碎。此法具有温和、破坏彻底的优点，但需要特殊设备。

⑤ 溶胀法：在低渗环境下，由于存在渗透压差，溶剂分子大量进入细胞，使细胞膜胀破。这一方法通常用于没有细胞壁的细胞。

⑥ 反复冻融法：将细胞置于低温下冰冻一定时间，然后取出，置于室温下迅速融化。如此反复冻融多次，细胞在冷冻时形成冰粒并增大剩余细胞液盐浓度，发生溶胀、破碎。

(2) 化学处理法。

用脂溶性溶剂(如氯仿、苯酚、丙酮等)或表面活性剂(十二烷基硫酸钠)处理细胞时，可将细胞壁、细胞膜结构部分溶解，进而使细胞释放出各种酶类物质，并导致整个细胞破碎。

(3) 生物酶降解法。

生物酶(如溶菌酶、溶壁酶或蜗牛酶等)具有降解细胞壁的功能。在用此法处理细胞时，先会出现细胞壁消解，然后会因为渗透压而引起细胞膜破裂，最后导致细胞完全破碎。例如，革兰氏阳性菌破碎时通常加入溶菌酶；酵母制备原生质体时，通常采用蜗牛酶处理细胞。

细胞破碎以后，细胞内容物必然释放出来，接下来的主要目标是利用适当的方法将内容物中的DNA提取出来，在提取阶段，pH、金属离子、溶剂的浓度和极性等起着主要的作用，操作过程中应特别注意。

目前，提取DNA的方法主要有两种：一种是逐一"去粗留精"，另一种是直接"沙里拣金"。思路不同，采用的试剂和操作技术也大不相同。

2. 基因组DNA常用提取方法的原理

(1) SDS法：SDS(十二烷基硫酸钠)是一种阴离子去垢剂，在高温条件下能裂解细胞，使染色体离析、蛋白质变性,同时SDS与蛋白质和多糖结合成复合物,释放出核酸;通过提高盐浓度并降低温度,使SDS-蛋白质复合物的溶解度变得更小,从而使蛋白质及多糖杂质沉淀更加完全,离心后除去沉淀;上清液中的DNA用酚-氯仿抽提,反复抽提后,用适宜浓度的乙醇沉淀,即可得到水相中的DNA。

(2) CTAB法:CTAB(hexadecyltrimethylammonium bromide,十六烷基三甲基溴化铵)是一种阳离子去污剂,具有从低离子强度溶液中沉淀核酸与酸性多聚糖的特性。在高离子强度(0.7 mol/L以上NaCl)的溶液中,CTAB与蛋白质和多聚糖形成复合物,只是不能沉淀核酸。通过有机溶剂抽提,去除蛋白质、多糖、酚类等杂质后加入乙醇沉淀,即可使核酸分离出来。

(3) Chelex-100法:Chelex-100是一种化学螯合树脂,由苯乙烯、二乙烯共聚体组成。含有成对的亚氨基二乙酸盐离子,对高价金属离子有很高的亲和力和螯合作用。在低离子强度、碱性及煮沸条件下,可以使细胞膜破裂,并使蛋白质变性,DNA游离。Chelex-100特别适用于微量生物样本的处理,方法简便、快速,提取过程始终在同一管中进行,不用转移,可减少DNA的损失,操作步骤简化,减少了污染的机会。

(4) 硅珠法:在高浓度的异硫氰酸胍存在的条件下,DNA能够被二氧化硅特异性吸附;当没有异硫氰酸胍存在时,DNA又可从二氧化硅中释放出来。异硫氰酸胍是一种高性能的蛋白质变性剂,可以使蛋白质与DNA充分分离,在硅珠吸附前高速离心可以将变性的蛋白质及一些不溶的物质除去。吸附后的漂洗过程则可将溶液中的PCR抑制物洗去。

(5) 固相吸附法:异硫氰酸胍具有溶解细胞和灭活核酸酶的性质,利用当异硫氰酸胍存在时硅藻颗粒能特异性吸附DNA,而当去除异硫氰酸胍时,DNA又能从硅藻上释放出来的特性,来提取样本中的DNA。

经过分子生物学多年的发展,研究材料逐渐丰富。由于不同材料之间的差异,基因组的提取技术也有了很大的改良,在原有技术的基础之上,针对材料的差异衍生出很多方法,例如改良SDS法、改良CTAB法等。

5.1.2 RNA制备的原理和方法

真核细胞总RNA主要由rRNA(80%~85%)、tRNA和核内小分子RNA(10%~15%)、mRNA(1%~5%)组成,其中rRNA、tRNA和mRNA位于细胞质中。完整RNA的提取和纯化,是进行RNA方面的研究工作,如Northern杂交、mRNA分离、RT-PCR、定量PCR、cDNA合成及体外翻译等的前提。所有RNA的提取过程中都有五个关键点:①有效破碎样品细胞或组织;②有效地使核蛋白复合体变性;③有效抑制内源RNA酶;④有效地将RNA从DNA和蛋白质混合物中分离;⑤对于多糖含量高的样品还牵涉到多糖杂质的有效除去。但其中最关键的是抑制RNA酶活性。

RNA制备目前主要可采用两种途径:①提取总核酸,再用氯化锂将RNA沉淀出来;②直接在酸性条件下抽提,使DNA与蛋白质进入有机相,而RNA留在水相。

总RNA制备的方法很多,如异硫氰酸胍(GTC)-苯酚法、TES热酚法等。所有分离提取RNA的方案的第一步操作都是在能导致RNA酶变性或失活的化学环境中裂解细胞,使RNA释放出来。一些公司推出的总RNA提取试剂盒(如TRIzol试剂),可以用来制备高质量的用于建库的RNA。该总RNA纯化系统采用两种著名的RNA酶抑制剂,即异硫氰酸胍(GTC)和β-巯基乙醇,加上整个操作都在冰浴下进行,这样就能显著降低RNA的降解速率。

异硫氰酸胍属于解耦剂，是一类强烈的蛋白质变性剂，主要作用是裂解细胞，使细胞中的蛋白质、核酸解聚得到释放。酚虽可有效地使蛋白质变性，但它不能抑制 RNA 酶活性，因此 TRIzol 试剂中还加入了 8-羟基喹啉、β-巯基乙醇等来抑制内源和外源 RNA 酶。

而进一步从复合体中纯化 RNA，则根据 Chomc Zynski 和 Sacchi 的一步快速抽提法进行，采用酸性酚-氯仿混合液抽提。在加入氯仿离心后，溶液分为水相和有机相。低 pH 的酚将使 RNA 选择性地进入无 DNA 和蛋白质的水相中，这样使其与仍留在有机相中的蛋白质和 DNA 分离。水相中的 RNA 可用异丙醇沉淀浓缩。进一步将上述 RNA 沉淀复溶于 GTC 溶液中，用异丙醇进行二次沉淀，随后用乙醇洗涤沉淀，即可去除所有残留的蛋白质和无机盐，而 RNA 中如含无机盐，则有可能对以后操作中的一些酶促反应产生抑制作用。

5.1.3 质粒 DNA 制备的原理和方法

质粒是细菌内的共生型遗传因子，它能在细菌中垂直遗传并且赋予宿主细胞特定的表型。经过改造的基因工程质粒是携带外源基因进入细菌中扩增或表达的重要媒介，这种基因的运载工具在基因工程中具有极广泛的用途，而质粒的分离与提取则是基因工程最常用、最基本的实验技术。

碱变性法提取质粒 DNA 是基于染色体 DNA 与质粒 DNA 的变性和复性的差异而达到分离的目的。在 pH 高达 12.6 的碱性环境中，染色体 DNA 的氢键断裂，双螺旋结构解开；质粒 DNA 的大部分氢键也断裂，但超螺旋共价闭合环状的两条链不会完全分离。当用 pH 为 4.8 的 KAc 或 NaAc 高盐缓冲液调节到中性时，变性的质粒 DNA 又恢复到原来的构型，保存在溶液中；线状染色体 DNA 则不能复性，形成缠绕的网状物，通过离心，染色体 DNA 与不稳定的大分子 RNA、蛋白质-SDS 复合物一起沉淀下来而被除去，用乙醇或异丙醇将溶于上清液中的质粒 DNA 沉淀，再用 RNase 除去 RNA，即可获得较纯净的质粒 DNA。

通过切割相邻的两个核苷酸残基之间的磷酸二酯键，从而导致核酸分子多核苷酸链发生水解断裂的蛋白酶称为核酸酶，它是重组 DNA 技术得以创立的工具酶。其中能识别双链 DNA 分子中的某一特定核苷酸序列，并由此切割 DNA 双链结构的酶称为限制性核酸内切酶，它主要是从原核生物中分离纯化出来。目前已发现的限制性核酸内切酶有数百种，例如 *Eco*R Ⅰ 和 *Hin*d Ⅲ 是常用的两种限制性核酸内切酶。

5.2 质粒的生物学特性

质粒是存在于细胞质中而独立于染色体之外的一类能够自主复制的遗传物质。绝大多数质粒是由环形双链 DNA 组成的复制子。质粒 DNA 分子可以持续稳定地游离于染色体之外，但在一定的条件下又可逆地整合到寄主染色体上，随着染色体的复制而复制，并通过细胞分裂传递到后代。载体就是将目的基因导入宿主细胞进行复制，从而获得大量克隆化片段的运载工具。常用的载体种类很多，主要包括质粒、黏粒和噬菌体等。其中，质粒是目前应用最为广泛的克隆载体。

5.2.1 质粒的命名特性

质粒的命名常根据 1976 年提出的质粒命名原则，用小写字母 p 代表质粒，在字母 p 后面用两个大写字母代表发现这一质粒的作者或者实验室名称。例如质粒 pUC18,字母 p 代表质粒,UC 是构建该质粒的研究人员的姓名代号,18 代表构建的一系列质粒的编号。质粒广泛地分布于原核细胞中,也存在于一些真核细胞中。质粒相对分子质量范围为 $10^6 \sim 10^8$。质粒可以分为三种构型:超螺旋的 SC 构型(scDNA);开环型(ocDNA);分子呈线状的 L 构型。质粒与染色体 DNA 分子理化性质相似,例如溶于水、不溶于乙醇等有机溶剂、能吸收紫外光、可嵌入溴化乙锭染料等,常利用这些理化特性鉴定和纯化质粒。

质粒通常具有以下几项生物学特性:

(1) 寄生性:质粒可以在特定的宿主细胞内存在和复制。

(2) 稳定性:每种质粒在特定的宿主细胞内保持一定的拷贝数。

(3) 重组性:两种不同的质粒处于同一宿主细胞中或者一种质粒处于一种宿主细胞中,有可能发生质粒与质粒之间或质粒与染色体之间的重组。

(4) 不相容性:有相同复制起始区的不同质粒不能共存于同一宿主细胞中,其分子基础主要是由它们在复制功能之间的相互干扰造成的。

(5) 传递性:有些质粒在细菌间能够传递,具有传递性的质粒带有一套与传递有关的基因。

(6) 可消除性:存在于宿主细胞中的质粒,可用某些办法将其去除。

(7) 复制类型:严紧型质粒的复制受到宿主细胞蛋白质合成的严格控制,松弛型质粒的复制不受宿主细胞蛋白质合成的严格控制。

(8) 表现型:不同的质粒有不同的表现型,例如对抗生素的抗性等。

5.2.2 质粒载体必须具备的条件

1. 拷贝数较高

质粒拷贝数是指宿主细菌(胞)在标准培养基条件下,每个细菌(胞)中含有的质粒数目。根据宿主细胞内所含拷贝数多少,将质粒分为严紧型和松弛型两种。每个宿主细胞中含有1至数个拷贝的质粒称为严紧型质粒。有的质粒拷贝数较高,每个宿主细胞中可达 10 个以上,这类质粒称为松弛型质粒。高拷贝数质粒倾向在松弛控制下进行复制,而低拷贝数质粒则通常是在严格控制下复制。高拷贝数质粒复制的启动是由质粒编码基因合成的功能蛋白质调节的,与宿主细胞周期开始时合成的不稳定的复制起始蛋白质无关。如果用氯霉素或者壮观霉素(大观霉素)等蛋白质合成抑制剂处理宿主细胞,宿主细胞染色体 DNA 复制受阻,但是松弛型质粒仍然可以继续扩增。实验室中为了提高质粒的产量,常用氯霉素或者壮观霉素等处理就是依据这个原理。低拷贝数质粒的情况则不同,它的复制受宿主细胞复制起始蛋白质控制,并能与宿主细胞染色体同步复制。

2. 相对分子质量较小

一般来说,低分子的质粒通常拷贝数比较高,这不仅有利于质粒 DNA 的制备,同时还会使细胞中克隆基因的数量增加。相对分子质量小的质粒对外源 DNA 容量较大,容易分离纯化,容易转化。当质粒大于 15 kb 时,转化效率较低。

3. 具有选择标记

抗性是常用的选择标记,例如氨苄青霉素抗性(Amp^r)、卡那霉素抗性(Kan^r)、四环素抗性(Tet^r)等。如果抗性基因内有若干单一的限制性酶切位点就更好。当基因克隆成功时,由于外源基因插入使该抗性基因失活，这时宿主菌变为对该抗生素敏感的菌株，这样容易检测。

4. 具有较多的限制性酶切位点

目前，常用质粒载体上有多克隆位点（MCS），较多的单一限制性酶切位点给外源基因的插入提供了极大的方便。

5. 具有复制起点

复制起点是质粒扩增必不可少的条件，也是决定质粒拷贝数的重要元件，可使繁殖后的宿主细胞维持一定数量的质粒拷贝数。质粒在一般情况下含有一个复制起点，构成一个独立的复制子。但穿梭质粒含有两个复制子：一个是原核复制子，另一个为真核复制子。

5.3 常用克隆载体的特征

目前，随着分子生物学的飞速发展，用于克隆载体的质粒种类繁多，下面介绍常用的克隆质粒载体 pUC 系列和 pGEM 系列。

5.3.1 pUC 质粒

pUC 系列质粒包括以下 4 个组成部分：①pBR322 载体的复制起点（*ori*）；②抗生素基因-氨苄青霉素抗性基因（Amp^r），但它的 DNA 核苷酸序列已经发生了变化，去掉了原有的限制性酶切位点；③大肠杆菌 β-半乳糖酶基因（*lacZ*）的启动子及编码氨基端 α-肽链的基因序列；④多克隆位点（*MCS*）：位于 *lacZ* 基因中靠近 5′端，内含十几个限制性核酸内切酶位点，使不同黏性末端的目的 DNA 片段方便地定向插入 pUC 质粒中。但它并没有破坏 *lacZ* 基因的功能。目前，pUC 系列质粒是基因工程研究中较通用的克隆载体之一。以下以 pUC18 质粒为例，介绍此系列质粒的特点。

（1）具有更小的相对分子质量和更高的拷贝数。

在 pBR322 基础上构建 pUC 质粒时，保留了氨苄青霉素抗性基因及其复制起点，使相对分子质量相应减小。由于偶然的原因，在操作过程中使 pBR322 质粒的复制起点内部发生了自发突变——*rop* 基因的缺失。由于该基因编码的 Rop 蛋白是控制质粒复制的特殊因子，它的缺失使得 pUC18 质粒的拷贝数比带有其他复制起点的质粒都要高得多，平均每个细胞可达 500～700 个拷贝。

（2）重组子的检测方便。

pUC18 质粒结构中具有 *lacZ* 基因，编码的 α-肽链可参与 α-互补。由于这一特点，在应用 pUC18 质粒的重组实验中，可进一步用 X-gal 显色法实现对重组子克隆的鉴定。

（3）具有多克隆位点（*MCS*）区段。

pUC18 质粒具有与 M13mp8 噬菌体载体相同的多克隆位点（*MCS*），可以在这两类载体系列之间来回“穿梭”。因此，插入在 *MCS* 当中的外源 DNA 片段，可以方便地从 pUC18 质粒载体转移到 M13mp8 载体上，以进一步进行克隆序列的核苷酸测定工作。同时，正是由于具有 *MCS* 序列，具两种不同黏性末端的外源基因可以直接克隆到 pUC18 质粒上。

5.3.2 pGEM 系列

pGEM 系列质粒是与 pUC 系列质粒相类似的小分子载体，总长度为 2743 bp，含有一个氨苄青霉素抗性编码基因和一个 *lacZ* 编码基因。另外，此系列质粒还插入了一段含有 *Eco*R Ⅰ、*Sac* Ⅰ、*Kpn* Ⅰ、*Ava* Ⅰ、*Sma* Ⅰ、*Bam*H Ⅰ、*Xba* Ⅰ、*Sal* Ⅰ、*Acc* Ⅰ、*Hin*d Ⅱ、*Pst* Ⅰ、*SpH* Ⅰ和 *Hin*d Ⅲ等的多克隆位点。此序列结构几乎与 pUC18 克隆载体的一样。

pGEM 系列质粒与 pUC 系列质粒之间的主要差别：pGEM 系列质粒具有两个来自噬菌体的启动子，即 *T7* 启动子和 *SP6* 启动子，它们为 RNA 聚合酶的附着提供特异性识别位点。由于这两个启动子位于 *lacZ* 基因中多克隆位点区的两侧，若在反应体系中加入适量纯化的 T7 或 SP6 RNA 聚合酶，便可将已经克隆的外源基因在体外转录出相应的 mRNA。质粒载体 pGEM-3Z 和 pGEM-4Z 在结构上相似，两种质粒之间的差别仅在于 *SP6* 和 *T7* 这两个启动子的位置互换、方向相反而已。

由于 PCR 过程中形成的产物在 3′端均有 A 碱基，如果用平末端载体与其连接效率比较低，用 T-载体克隆是比较好的办法，其中 pGEM-T 或 pUC-T 比较常用。它们的基本骨架与相应的载体系列基本相同，只是在线性化的质粒载体平末端的 5′端有一个突出的碱基 T。利用这个特点，使载体与 PCR 产物之间产生互补黏性末端，进而达到 PCR 产物与载体的连接效率大幅度提高的效果。

实验 1　真核生物基因组 DNA 提取

一、实验目的与内容

本实验包括组织的液氮研磨破碎、微量移液器的使用、高速冷冻离心机的使用等操作。通过实验，掌握植物总 DNA 的抽提方法和基本原理，了解植物基因组 DNA 的物理特性，学习根据不同的植物和实验要求设计和改进植物总 DNA 抽提方法。

二、实验原理

基因组 DNA 是生物主要的遗传物质，真核细胞的 DNA 主要存在于细胞核中，与蛋白质相结合构成大小不一的染色体，高等动植物的基因组 DNA 高达上亿 bp。无论是植物细胞还是动物细胞，它们的基因组 DNA 的提取通常分为两个步骤：先是通过温和的方法裂解细胞及溶解 DNA，接着采用化学或酶处理去掉蛋白质、RNA 以及其他大分子，再利用无水乙醇或者异丙醇沉淀 DNA，干燥以后溶解在 TE 缓冲液中。细胞破碎是提取基因组 DNA 最重要的步骤之一，由于动植物细胞在结构上存在差别，因此，细胞破碎的方法也较多。由于植物细胞具有细胞壁，通常采用机械研磨的方法破碎植物的组织和细胞。由于植物细胞匀浆含有多种酶类(尤其是氧化酶类)，会对 DNA 的抽提产生不利的影响，在抽提缓冲液中需加入抗氧化剂或强还原剂(如巯基乙醇)以降低这些酶类的活性。而动物细胞没有细胞壁，通常采用酶解的办法降解细胞，一般用胰蛋白酶处理细胞。

十六烷基三甲基溴化铵(CTAB)是离子型表面活性剂，能溶解细胞膜和核膜蛋白，使核蛋白解聚，从而使 DNA 得以游离出来。再加入苯酚和氯仿等有机溶剂，能使蛋白质变性，并使抽提液分相，因核酸(DNA、RNA)水溶性很强，经离心后即可从抽提液中除去细胞碎片和大部分蛋白质。上清液中加入无水乙醇使 DNA 沉淀，将沉淀的 DNA 溶于 TE 溶液中，即得植物总DNA溶液。

除了CTAB以外,实验中还采用十二烷基肌氨酸钠(sarkosyl)、十二烷基硫酸钠(SDS)等溶解细胞膜和膜蛋白,用于代替CTAB。

三、实验仪器、材料和试剂

1. 仪器

高速冷冻离心机、恒温箱、冰箱、水浴锅、研钵、离心管、微量移液器、琼脂糖凝胶电泳系统、高压灭菌锅等。

2. 材料

幼嫩叶片、贴壁生长的细胞。

3. 试剂

(1) CTAB抽提缓冲液(200 mL):称取CTAB 4 g,放入200 mL烧杯,加入5 mL无水乙醇,然后加入100 mL三蒸水,加热溶解,再依次加入5 mol/L NaCl溶液56 mL、1 mol/L Tris-HCl溶液(pH8.0)20 mL、0.5 mol/L EDTA溶液8 mL,定容至200 mL并摇匀后,转到事先准备好的输液瓶中,贴上标签,高压灭菌后,降至室温,冷却后按1%加入2-巯基乙醇,4 ℃下保存备用。

(2) 10 mg/mL蛋白酶K溶液:用灭菌后的去离子水配制,在-20 ℃下保存。

(3) 10×PBS:8% NaCl、0.2% KCl、0.29% $Na_2HPO_4 \cdot 12H_2O$、0.2% KH_2PO_4,4 ℃下保存。

(4) DNA抽提缓冲液(pH 8.0):150 mmol/LNaCl、10 mmol/L Tris-HCl、10 mmol/L EDTA、0.1% SDS。

(5) 苯酚、异丙醇、无水乙醇、氯仿、异戊醇、液氮、TE缓冲液(pH8.0)、NaAc、75%乙醇、10% SDS等。

四、实验步骤和方法

1. 植物基因组DNA的提取

(1) 将CTAB抽提缓冲液在65 ℃水浴中预热。

(2) 取少量幼嫩叶片,置于研钵中,加入适量的液氮,研磨至粉状。(**★实验过程中要避免液氮的伤害,注意保护措施。**)

(3) 迅速将100 mg左右的破碎组织转移到1.5 mL离心管中后,加入700 μL CTAB抽提缓冲液,轻轻搅动摇匀。(**★转移操作要迅速,避免组织融化,造成大量DNA酶的释放,从而降低DNA的得率。**)

(4) 将上述离心管置于65 ℃水浴锅或恒温箱中,每隔10 min轻轻摇动,40 min后取出。(**★要及时开盖将离心管中的热空气排出,以免造成管喷而影响实验结果。**)

(5) 冷却2 min后,加入氯仿-异戊醇(体积比为24∶1)至满管,振荡2~3 min,使两者混合均匀。

(6) 10000 r/min离心10 min,与此同时,将600 μL异丙醇加入另一洁净、灭菌的离心管中。

(7) 10000 r/min离心1 min后,用微量移液器轻轻吸取上清液,转入含有异丙醇的离心管内,将离心管慢慢上下摇动 30 s,使异丙醇与水层充分混合至能见到 DNA 絮状物。(★转移上清液操作过程中要注意避开下层的杂质,避免将下层有机相和杂质吸上来,从而降低 DNA 的质量。)

(8) 10000 r/min 离心 1 min 后,立即倒掉液体。(★注意勿将白色 DNA 沉淀倒出。)

(9) 加入 800 μL 75%乙醇,将 DNA 洗涤 30 min。

(10) 10000 r/min 离心 30 s 后,立即倒掉液体,干燥 DNA。(★自然风干或用风筒吹干。)

(11) 加入 50 μL TE 缓冲液,使 DNA 溶解。

(12) −20 ℃下保存备用。

2. 动物细胞的 DNA 制备

(1) 取贴壁生长培养的细胞一瓶,除去培养基。

(2) 用 5 mL 冰冷的 PBS 洗涤一次,用蛋白酶 K 消化,4 ℃ 1000 r/min 离心 10 min。

(3) 取 10 mL 冰冷的 PBS 添加到细胞沉淀中,悬浮洗涤,4 ℃ 1000 r/min 离心 10 min。

(4) 用细胞沉淀的(10～40)×DNA 抽提缓冲液(约 20 mL)悬浮细胞。

(5) 添加 1/100 体积的 10% SDS。

(6) 添加蛋白酶 K,使其最后质量浓度为 100 μg/μL。

(7) 55 ℃保温 2.5 h,其间缓慢倒转几次。

(8) 用等量的苯酚-氯仿-异戊醇(体积比为 25∶24∶1)抽提。

(9) 室温下,3000 r/min 离心 10 min,将上清液转移至另一洁净的离心管中。

(10) 用等量的氯仿-异戊醇(体积比为 24∶1)抽提,然后重复步骤(9)。

(11) 添加 1/10 体积的 3 mol/L NaAc 溶液以及 2 倍体积的冰冻无水乙醇,混匀,3000 r/min离心 2 min。

(12) 沉淀用 70%体积的冰冻无水乙醇清洗、离心、干燥,用 1 mL TE 缓冲液悬浮。

(13) 琼脂糖凝胶电泳检测。

(14) 将样品在−20 ℃下保存,备用。

五、作业与思考题

1. 作业

(1) 根据实验过程,完成实验报告。

(2) 分析实验结果,给出科学合理的解释。

2. 思考题

(1) 在植物基因组 DNA 的提取过程中,应该注意哪些要素来保证基因组 DNA 的质量?

(2) 为什么液氮研磨完成后要迅速加入 DNA 抽提液?

实验 2　总 RNA 的提取及鉴定

一、实验目的与内容

分别用 TRIzol 试剂盒和异硫氰酸胍法从动物、植物组织中提取总 RNA,并用变性琼脂糖凝胶电泳检测总RNA的完整性,用分光光度计测定总RNA的浓度。通过实验,掌握提取总RNA的原理和技术,学习和掌握控制RNA酶活性的方法。

二、实验原理

真核细胞总RNA主要由rRNA(80%～85%)、tRNA和核内小分子RNA(10%～15%)、mRNA(1%～5%)组成,其中rRNA、tRNA和mRNA位于细胞质中。所有RNA的提取过程中都有五个关键点:①有效破碎样品细胞或组织;②有效地使核蛋白复合体变性;③有效抑制内源RNA酶;④有效地将RNA从DNA和蛋白质混合物中分离;⑤对于多糖含量高的样品还牵涉到多糖杂质的有效除去。但其中最关键的是抑制RNA酶活性。

本实验采用Gibco公司生产的总RNA提取试剂盒(TRIzol试剂盒),用来制备高质量的可用于建库的RNA。TRIzol试剂盒适用于从细胞和组织中快速分离RNA,其主要成分是异硫氰酸胍和酚。异硫氰酸胍属于解耦剂,是一类强烈的蛋白质变性剂,主要作用是裂解细胞,使细胞中的蛋白质、核酸解聚得到释放。酚虽可有效地使蛋白质变性,但不能抑制RNA酶活性,因此TRIzol试剂中还加入了8-羟基喹啉、β-巯基乙醇等来抑制内源和外源RNA酶。在加入氯仿离心后,溶液分为水相和有机相。RNA选择性地进入无DNA和蛋白质的水相中。吸出水相并用异丙醇沉淀即可回收总RNA。

为了获得高质量的RNA,必须控制核糖核酸酶(RNA酶)的活性,也就是要避免RNA酶的污染。RNA酶很稳定,而且其反应不需要辅助因子,因而在RNA的制备过程中只要存在少量的RNA酶就会导致实验的失败。为避免RNA酶的污染,实验中所用到的所有溶液、玻璃器皿、塑料制品等都需要经过特别处理。

RNA电泳可以在变性及非变性两种条件下进行。不同的RNA分子空间结构不同,在未变性的条件下其相对分子质量与电泳移动距离没有严格的相关性。只有在完全变性的条件下,RNA的泳动率才与相对分子质量的对数呈线性关系。因此要测定RNA相对分子质量时,一定要用变性凝胶。甲醛和甲酰胺是常用的RNA变性剂。为了确保RNA的泳动仅与它的相对分子质量相关,RNA样品在电泳前必须用甲醛和甲酰胺联合变性,而且电泳时凝胶内要有甲醛来维持变性的状态。

如需快速检测提取物中总RNA的质量,可用普通的1%琼脂糖凝胶检测。判断RNA提取物的完整性是进行电泳的主要目的之一。从完整的未降解的RNA制品的电泳图谱应可清晰地看到28S rRNA、18S rRNA、5S rRNA三个条带,且28S rRNA的亮度应为18S rRNA的两倍。

总RNA定量方法与DNA定量方法相似,RNA在260 nm波长处有最大的吸收峰。因此,可以用分光光度计在260 nm波长处测定RNA浓度,OD_{260}值为1相当于大约40 μg/mL的单链RNA。RNA纯品的OD_{260}/OD_{280}值为1.8～2.0,故根据OD_{260}/OD_{280}值可以估计RNA的纯度。若比值较低,说明有残余蛋白质存在,应用酚-氯仿抽提;若比值大于2.0,表明有盐、糖等小分子污染,可用LiCl选择沉淀RNA以除去杂质。RNA样品应保存在−70 ℃下,可以保存一年的时间。

三、实验仪器、材料和试剂

1. 仪器

冷冻离心机、匀浆器、研钵、微量移液器、离心管(1.5 mL)、电泳仪、电泳槽、凝胶成像系统、紫外-可见分光光度计、酸度计、水浴锅、冰箱、制冰机、超纯水机、微波炉等。

2. 材料

新鲜动物组织、新鲜植物组织。

3. 试剂

(1) 0.1%(体积分数)DEPC 水:200 mL 双蒸去离子水加 0.2 mL DEPC(焦碳酸二乙酯),充分搅拌混匀,室温下放置过夜,高温高压灭菌。

(2) TRIzol 试剂盒。

(3) 异硫氰酸胍溶液(pH7.0):4 mol/L 异硫氰酸胍、25 mmol/L 柠檬酸钠、0.5%十二烷基肌氨酸钠、0.1 mol/L β-巯基乙醇。

(4) 酸性水饱和酚(pH5.6)。

(5) 2 mol/L NaAc 溶液(pH4.0):将 13.6 g NaAc·$3H_2O$ 溶解在 8 mL DEPC 水中,用冰乙酸(约需 38 mL)调 pH 至 4.0,最后定容至 50 mL,高压灭菌。

(6) 4 mol/L LiCl 溶液:取 24.164 g LiCl,加 DEPC 水定容至 100 mL,高压灭菌,室温放置备用。

(7) 10×甲醛变性电泳缓冲液(pH7.0):

吗啉代丙烷磺酸(MOPS)	0.4 mol/L
NaAc	0.1 mol/L
乙二胺四乙酸(EDTA)	10 mmol/L

(8) 甲醛上样缓冲液:含 50%(体积分数)甘油(用 DEPC 水稀释),1 mmol/L EDTA,0.4%(g/mL)溴酚蓝,0.4%(g/mL)二甲苯蓝。

(9) 其他试剂:液氮、氯仿、异丙醇、无水乙醇、80%乙醇(用 DEPC 水配制)、75%乙醇(用 DEPC 水配制)、37%甲醛、甲酰胺(去离子)、溴化乙锭(EB)。

四、实验步骤和方法

1. 从动物组织中提取 RNA(TRIzol 法)

(1) 取 50~100 mg 新鲜动物组织,放入 1 mL TRIzol 溶液中匀浆后,转入 1.5 mL 离心管中冰浴 15 min。

(2) 加 200 μL 氯仿,剧烈振荡 15 s,冰上放置 15 min。

(3) 取上清液,加等体积冰冷的异丙醇,混匀,−20 ℃放置 30 min。

(4) 12000 r/min 离心 10 min。

(5) 弃上清液,用冰冷 75%乙醇洗沉淀,10000 r/min 离心 5 min。

(6) 弃上清液,干燥沉淀,然后用 100 μL DEPC 水溶解沉淀。

(7) 取少量 RNA 用于测定 OD_{260}、OD_{280} 及电泳,其余在−70 ℃冰箱中保存。

2. 从植物组织中提取 RNA(异硫氰酸胍法)

(1) 研钵(包括研杵)先用液氮冷却,取 1 g 新鲜植物组织放在研钵中,加入液氮,迅速研磨成均匀的粉末。将粉末全部移入冰上预冷的离心管中,并向其中加入 3 mL 异硫氰酸胍溶液,充分匀浆。

(2) 加入 1/10 体积(0.3 mL)的 2 mol/L NaAc 溶液(pH4.0),颠倒混匀。

(3) 加入等体积(3 mL)的水饱和酚,充分振荡,再加入 1/3 体积(1 mL)的氯仿,振荡。冰浴 10 min。4 ℃ 15000 r/min 离心 10 min。小心转移上清液于另一离心管中,加入 2 倍体积的无水乙醇，-70 ℃沉淀至少 1 h。4 ℃ 15000 r/min 离心 20 min，弃去上清液。

(4) 加 1 mL 4 mol/L LiCl 溶液溶解沉淀(1 mL(LiCl)/g(组织))，并转入 1.5 mL 离心管中，4 ℃ 13000 r/min 离心 15 min，弃上清液。用 0.4 mL DEPC 水溶解沉淀，加 1/2 体积的水饱和酚、1/2 体积的氯仿，颠倒混匀，4 ℃ 13000 r/min 离心 10 min。

(5) 取上清液，加 1/10 体积的 3 mol/L NaAc 溶液(pH5.2)和 2 倍体积的无水乙醇，-70 ℃沉淀 30 min 以上。4 ℃ 13000 r/min 离心 15 min，弃上清液。

(6) 用 1 mL 80%乙醇洗涤沉淀，4 ℃ 13000 r/min 离心 10 min。弃上清液，干燥沉淀。用 40～60 μL DEPC 水溶解沉淀。取少量 RNA 用于测定 OD_{260}、OD_{280} 及电泳，其余在-70 ℃冰箱中保存。

3. 总 RNA 的检测

(1) 凝胶制备：制备 1.2%琼脂糖凝胶(电泳槽体积为 50 mL)。

① 称取 0.6 g 琼脂糖，加入 43.5 mLDEPC 水，加热溶解并降温到 60 ℃。

② 加入 5 mL 10×甲醛变性电泳缓冲液，并加入 1.5 mL 37%甲醛，混合均匀。

③ 倒入电泳槽中制胶(甲醛有毒，制胶应在通风橱中进行)。

(2) RNA 模板准备。

① 制备混合液(9.7 μL)，配方如下：

10×甲醛变性电泳缓冲液	1.25 μL
37%甲醛	2.2 μL
甲酰胺	6.25 μL

② 加入 2.8 μL RNA 液(0.5～1 μg)，使总体积达到 12.5 μL。

③ 混合后离心(1000～2000 r/min)5～10 s，55 ℃加热 15 min。

④ 加入 2.5 μL 甲醛上样缓冲液，再加 0.2～0.5 μL EB，混合后离心 5 s。

⑤ 将样品加入点样孔，在 5 V/cm 的电压梯度下电泳至溴酚蓝带跑到电泳槽中央(20 cm 长电泳槽，用 95 V 电压，1 h 左右)。

⑥ 电泳结束，在凝胶成像系统中观察、拍照。

⑦ 稀释一定倍数后在紫外-可见分光光度计上测定浓度和纯度。

五、注意事项

与 RNA 有关的实验中，最重要的因素是分离得到全长的 RNA。而实验失败的主要原因是核糖核酸酶(RNA 酶)的污染。因此，在实验中，一方面要严格控制外源性 RNA 酶的污染，另一方面要最大限度地抑制内源性的 RNA 酶。RNA 酶可耐受多种处理(如煮沸、高压灭菌等)而不被灭活。外源性的 RNA 酶存在于操作人员的手汗、唾液等，也可存在于灰尘中。在其他分子生物学实验中使用的 RNA 酶也会造成污染。这些外源性的 RNA 酶可污染器械、玻璃制品、塑料制品、电泳槽、研究人员的手及各种试剂。而各种组织和细胞中则含有大量内源性的 RNA 酶。如有可能，实验室应专门辟出 RNA 操作区，离心机、微量移液器、试剂等均应专用。RNA 操作区应保持清洁，并定期进行除菌。此外，还要注意以下几个方面。

(1) 焦碳酸二乙酯(DEPC)是一种高效烷化剂，可以破坏 RNA 酶活性，它通过和 RNA 酶的活性基团组氨酸的咪唑环结合使蛋白质变性，从而抑制酶的活性，在分子生物学实验中广泛用于去除 RNA 酶的污染。DEPC 有可能致癌，整个操作过程都须戴手套并小心操作。

(2) 提取过程中要严格防止 RNA 酶的污染，并设法抑制其活性。主要措施有：① 所有器皿必须彻底灭菌消毒,塑料器皿用 0.1% DEPC 水处理 12 h 以上,或在 0.5 mol/L NaOH 溶液中浸泡 10 min 后用 0.1% DEPC 水彻底清洗,高压灭菌后,置于 80 ℃烘箱烘干;新的试管和吸头也需灭菌;耐高温的玻璃器皿、陶瓷器皿和金属器皿,在 180 ℃烘箱中烘烤 6 h 以上。②提取环境最好干净无菌,并给予低温条件,一般在超净工作台上操作,大部分操作应在冰浴中进行。③操作时戴上一次性手套和口罩,并勤换手套。④提取缓冲液中加入 RNA 酶抑制剂。

(3) 组织用量要合适,若用量过多,会引起 DNA 对 RNA 的污染。组织块用液氮研磨,效果最好,若没有液氮或电动匀浆器,可用手动匀浆器代替,此时组织块不宜过大,且需先用眼科剪将组织剪碎,然后充分研磨。

(4) 应当在通风橱中配制含有变性剂的琼脂糖凝胶和灌胶,这样可减少接触及其带来的健康隐患。

(5) 甲醛与空气接触后会被氧化,因此每次使用前都应检测 pH。由于 pH 小于 4 时,RNA 会大量降解,因此用于 RNA 检测的甲醛,其 pH 必须大于 4.0。可像甲酰胺那样,对甲醛进行去离子化处理,以提高其 pH。

(6) RNA 的完整性通过电泳进行检测后,真核细胞 28S RNA 和 18S RNA 比约为 2∶1,表明无 RNA 降解,如该比逆转,则表明有 RNA 降解。

六、作业与思考题

1. 作业

(1) 根据实验过程,完成实验报告。

(2) 分析实验结果,给出科学合理的解释。

2. 思考题

(1) 在进行 RNA 提取的过程中,应采取怎样的措施才能尽可能避免 RNA 酶的污染?

(2) 如何分析 RNA 的完整性和纯度?

实验 3　质粒 DNA 的微量提取和鉴定

一、实验目的与内容

本实验以碱裂解法为例,介绍质粒的抽提过程。通过本实验,掌握碱裂解法抽提质粒的原理、步骤及各试剂的作用。

二、实验原理

质粒是携带外源基因进入细菌、酵母、哺乳动物细胞中扩增或表达的主要载体,它在基因操作中具有重要作用。质粒的分离与提取是最常用、最基本的实验技术。质粒的提取方法很多,大多包括 3 个主要步骤:细菌的培养、细菌的收集和裂解、质粒 DNA 的分离和纯化。

在 pH 12.0～12.6 环境中,细菌的大相对分子质量染色体 DNA 变性分开,而共价闭环的质粒 DNA 虽然变性但仍处于拓扑缠绕状态。将溶液调至中性并有高盐存在及低温的条件下，大部分染色体 DNA、大相对分子质量的 RNA 和蛋白质在去污剂 SDS 的作用下形成沉淀，而质粒 DNA 仍然为可溶状态。通过离心，可除去大部分细胞碎片、染色体 DNA、RNA 及蛋白质，质粒 DNA 尚在上清液中，然后用酚-氯仿抽提进一步纯化质粒 DNA。

三、实验材料、试剂和仪器

1. 仪器

超净工作台、台式高速离心机、离心管、微量移液器、旋涡振荡器、恒温摇床、电泳装置等。

2. 试剂

(1) RNase A(10 mg/mL)、酚-氯仿(1∶1)、异丙醇、75%乙醇、TE 缓冲液、TAE 电泳缓冲液、50 mg/mL 氨苄青霉素(Amp)溶液，1×凝胶上样缓冲液(1×loading buffer)等。

(2) 裂解液Ⅰ：50 mmol/L 葡萄糖、25 mmol/L Tris(pH8.0)、10 mmol/L EDTA。

(3) 裂解液Ⅱ：0.2 mol/L NaOH、1%SDS。

(4) 裂解液Ⅲ：取 60 mL5 mol/L KAc 溶液(pH4.8)、60 mL 冰乙酸、28.5 mL 水，混匀。

3. 材料

含有 pEGFP 质粒的大肠杆菌菌液。

四、实验步骤与方法

(1) 取适量的含有 pEGFP 质粒的大肠杆菌菌液涂布于 LB 培养基平板上，37 ℃过夜培养，直到长出单个菌落。

(2) 用无菌牙签挑取单菌落，接种于含有 Amp 的 LB 培养基中，37 ℃摇床(200 r/min)过夜培养。

(3) 吸取 1.5 mL 菌液，12000 r/min 离心 1 min，收集菌体，倒掉菌液；吸取 1.5 mL 菌液，再次收集菌体，尽量将菌液倒干净。

(4) 加入 200 μL 裂解液Ⅰ，重新悬浮细胞，振荡混匀。(★应将沉淀或碎块彻底打散混匀。)

(5) 加入 400 μL 裂解液Ⅱ，轻柔颠倒混匀，放置至清亮。(★一般不超过 5 min。)

(6) 加入 300 μL 裂解液Ⅲ，颠倒混匀，放置于冰上 10 min，使杂质充分沉淀；12000 r/min 离心 10 min。

(7) 吸取 600 μL 上清液(★不要吸取到飘浮的杂质。)至另一支离心管中，加入等体积的酚-氯仿，室温放置 5 min，12000 r/min 离心 5 min。

(8) 转移上清液到另一支离心管中，加入等体积的异丙醇。(★小心蛋白膜。)

(9) 倒尽上清液，加 75%乙醇浸洗除盐。(★离心 3 min 后倒去上清液。)

(10) 室温放置或超净工作台上风干 DNA。(★风干过程中 DNA 会变成无色透明状，避免剧烈振荡，以免造成样品丢失。)

(11) 加 40 μL 灭菌超纯水或 TE 缓冲液溶解后，加入适量的 RNase A，使终浓度达到 50 μg/mL。

(12) 按质粒 DNA 与上样缓冲液(5～10)∶1 的比例配成电泳样品液，进行琼脂糖凝胶电泳。

(13) 剩余的质粒 DNA 样品在－20 ℃下保存备用。

五、作业与思考题

1. 作业

(1) 根据实验过程,完成实验报告,提交质粒 DNA 的电泳检测图谱。

(2) 分析实验结果,并给出科学合理的解释。

2. 思考题

(1) 质粒的电泳检测一般会出现几个条带?分别是什么?

(2) 碱法提取 DNA 的过程中裂解液Ⅰ、Ⅱ、Ⅲ的生化作用原理分别是什么?

第6章 DNA的酶切和凝胶电泳

6.1 限制性核酸内切酶的特性及应用

6.1.1 限制性核酸内切酶的定义和分类

限制性核酸内切酶是指识别并切割特异的双链DNA序列的一种核酸内切酶，又称限制性内切酶，或简称限制酶。其名字通常是以微生物属名的第一个字母和种名的前两个字母组成三字母缩略语，来表示这个酶是从哪种生物中分离出来的，第四个字母表示菌株(品系)。例如，从 *Bacillus amylolique* faciens H 中提取的限制性核酸内切酶称为 *Bam* H，在同一品系细菌中得到的识别不同碱基顺序的几种不同特异性的酶，可以编成不同的号，如 *Hind* Ⅱ、*Hind* Ⅲ，*Hpa* Ⅰ、*Hpa* Ⅱ，*Mbo* Ⅰ、*Mbo* Ⅱ等。常用的限制性核酸内切酶及其酶切位点见表6-1。

表6-1 常用的限制性核酸内切酶及其酶切位点

核酸内切酶名称	识别序列和切割点	核酸内切酶名称	识别序列和切割点
Alu Ⅰ	AG↓CT	*Not* Ⅰ	GC↓GGCCGC
Apa Ⅰ	GGGCC↓C	*Nru* Ⅰ	TCG↓CGA
*Bam*H Ⅰ	G↓GATCC	*Pst* Ⅰ	CTGCA↓G
Bcl Ⅰ	T↓GATCA	*Pvu* Ⅰ	CGAT↓CG
Bgl Ⅱ	A↓GATCT	*Pvu* Ⅱ	CAG↓CTG
Cla Ⅰ	AT↓CGAT	*Sac* Ⅰ	GAGCT↓C
*Eco*R Ⅰ	G↓AATTC	*Sac* Ⅱ	CCGC↓GG
*Eco*R Ⅴ	GAT↓ATC	*Sal* Ⅰ	G↓TCGAC
Hae Ⅲ	GG↓CC	*Sca* Ⅰ	AGT↓ACT
Hind Ⅲ	A↓AGCTT	*Sma* Ⅰ	CCC↓GGG
Hpa Ⅰ	GTT↓AAC	*Spe* Ⅰ	A↓CTAGT
Hpa Ⅱ	C↓CGG	*Sph* Ⅰ	GCATG↓C
Kpn Ⅰ	GGTAC↓C	*Stu* Ⅰ	AGG↓CCT
Nae Ⅰ	GCC↓GGC	*Taq* Ⅰ	T↓CGA
Nar Ⅰ	GG↓CGCC	*Xba* Ⅰ	T↓CTAGA

续表

核酸内切酶名称	识别序列和切割点	核酸内切酶名称	识别序列和切割点
Nco Ⅰ	C↓CATGG	*Xho* Ⅰ	C↓TCGAG
Nde Ⅰ	CA↓TATG	*Xma* Ⅰ	C↓CCGGG
Nhe Ⅰ	G↓ CTAGC		

传统上将限制性核酸内切酶按照亚基组成、酶切位置、识别位点、辅助因子等因素划分为四大类。然而,蛋白质测序的结果表明,限制性核酸内切酶的变化多种多样,若从分子水平上分类,则应当远远不止四类。

Ⅰ型限制性核酸内切酶是一类兼有限制性核酸内切酶和修饰酶活性的多个亚基的蛋白复合体。它们在识别位点很远的地方任意切割 DNA 链。

Ⅱ型限制性核酸内切酶相对来说最简单,它们识别回文对称序列,在回文序列内部或附近切割 DNA,产生带 3′-羟基和 5′-磷酸基团的 DNA 产物,需 Mg^{2+} 的存在才能发挥活性。识别序列主要为 4～6 bp,或更长且呈二重对称的特殊序列,但有少数酶识别更长的序列或简并序列,切割位置因酶而异。Ⅱ型限制性核酸内切酶中,如 *Hind* Ⅲ和 *Not* Ⅰ这样在识别序列中进行切割的酶,它们能够产生确定的限制片段和确定的电泳条带,因此是四类限制性核酸内切酶中最常用于 DNA 分析和克隆的一类核酸内切酶。

另一种比较常见的酶是所谓的ⅡS 型酶,与Ⅱ型具有相似的辅因子要求,有一个结合识别位点的域和一个专门切割 DNA 的功能域,但识别位点是非对称的,长度为4～7 bp,切割位点可能在识别位点一侧的 20 bp 范围内。比如 *Fok* Ⅰ和 *Alw* Ⅰ,它们在识别位点之外切开 DNA。

Ⅲ型限制性核酸内切酶也是兼有限制、修饰两种功能的酶。它们在识别位点之外切开 DNA 链,并且要求识别位点是反向重复序列;它们很少能产生完全切割的片段,因而不具备实用价值,也没有商业化。

6.1.2 Ⅱ型限制性核酸内切酶的基本特性

Ⅱ型限制性核酸内切酶在分子克隆中得到了广泛应用,它们是重组 DNA 的基础。绝大多数Ⅱ型限制性核酸内切酶的基本特性:①识别位点的特异性:每种酶都有其特定的 DNA 识别位点,通常是由 4～8 个核苷酸组成的特定序列(靶序列)。如 *Eco*RⅠ识别六个核苷酸序列:5′-G↓AATTC-3′。②识别序列的对称性:靶序列通常具有双重旋转对称的结构,即双链的核苷酸顺序呈回文结构。③切割位点的规范性:Ⅱ类限制性核酸内切酶切割位点在识别序列中,有的在对称轴处切割,产生平末端的 DNA 片段,如 *Sma* Ⅰ:5′-CCC↓GGG-3′;有的切割位点在对称轴一侧,产生带有单链突出末端的 DNA 片段,称为黏性末端,如 *Eco*RⅠ切割识别序列后产生两个互补的黏性末端。

5′-G↓AATTC-3′ →5′- G　　　　AATTC-3′
3′-CTTAA↑G-5′ →3′-CTTAA　　　　G-5′

6.1.3 限制性核酸内切酶的使用

DNA 纯度、缓冲液、温度及限制性核酸内切酶本身的纯度都会影响酶的活性。大部分限制性核酸内切酶不受 RNA 或单链 DNA 的影响。当微量的污染物进入限制性核酸内切酶贮存液中时，会影响其进一步使用，因此在吸取限制性核酸内切酶溶液时，每次都要用新的灭菌吸头。如果采用两种限制性核酸内切酶，必须注意分别提供各自的最适盐浓度。若两者可用同一缓冲液，则可同时用于水解。若需要不同的盐浓度，则低盐浓度的限制性核酸内切酶必须先使用，随后调节盐浓度，再用高盐浓度的限制性核酸内切酶水解。也可在第一个酶切反应完成后，用等体积酚-氯仿抽提，加 0.1 倍体积 3 mol/L 乙酸钠溶液和 2 倍体积无水乙醇，混匀后置于 −70 ℃冰箱 30 min，离心、干燥并重新溶于缓冲液后进行第二个酶切反应。

6.1.4　限制性核酸内切酶的应用

限制性核酸内切酶是由细菌产生的，一般不切割自身的 DNA 分子，只切割外源 DNA，其生理意义是提高自身的防御能力。DNA 限制性核酸内切酶酶切图谱又称 DNA 的物理图谱，它由一系列位置确定的多种限制性核酸内切酶酶切位点组成，以直线或环状图式表示。在 DNA 序列分析、基因组的功能图谱绘制、DNA 的无性繁殖、基因文库的构建等工作中，建立限制性核酸内切酶酶切图谱都是不可缺少的环节，近年来发展起来的 RFLP(限制性片段长度多态性)技术更是建立在它的基础上。

构建 DNA 限制性核酸内切酶酶切图谱有许多方法。通常结合使用多种限制性核酸内切酶，通过综合分析多种酶单切及不同组合的多种酶同时切割所得到的限制性片段大小来确定各种酶的酶切位点及其相对位置。酶切图谱的使用价值依赖于它的准确程度。

在酶切图谱制作过程中，为了获得条带清晰的电泳图谱，一般 DNA 用量为 0.5～1 μg。限制性核酸内切酶的酶解反应最适条件各不相同，各种酶有其相应的酶切缓冲液和最适反应温度(大多数为 37 ℃)。对质粒 DNA 酶切反应而言，限制性核酸内切酶用量可按标准体系 1 μg DNA加 1 单位酶，消化 1～2 h。如果要完全酶解，则必须增加酶的用量，一般增加 2～3 倍，甚至更多，反应时间也要适当延长。

6.2　琼脂糖凝胶电泳

6.2.1　电泳

电泳是现在用于分离、鉴定、纯化和回收 DNA 片段的最常用技术，其原理是带电微粒在电场中向其所带电荷相反的方向移动。因为 DNA 分子带有含负电荷的磷酸根基团，DNA 分子在电场中将向正极移动。当 DNA 长度增加时，其所受凝胶阻力与电场驱动力的比例会增大，因而 DNA 的长度不同其迁移率也不同。通过将不同长度 DNA 分子与标准相对分子质量参照物(Marker)放在一起进行电泳，可检测不同 DNA 片段的大小。按照凝胶材料区分，电泳有琼脂糖凝胶电泳和聚丙烯酰胺凝胶电泳两类。琼脂糖凝胶电泳比聚丙烯酰胺凝胶电泳分辨率略低，但分离范围更大。50 bp 到百万 bp 长的 DNA 都可以在不同浓度和构型的琼脂糖凝胶中分离。

6.2.2 琼脂糖凝胶电泳的原理

琼脂糖凝胶电泳是用琼脂糖作为支持介质的一种电泳方法,它兼有分子筛和电泳的双重作用。琼脂糖是线状的多聚物,基本结构是1,3连接的β-D-半乳糖和1,4连接的3,6-脱水α-L-半乳糖。琼脂糖链形成螺旋纤维,再聚合成半径为20～30 nm的超螺旋结构。琼脂糖凝胶可以构成一个直径从50 nm到略微大于200 nm的三维筛孔的通道。商品化的琼脂糖在水中一般加热到90 ℃以上时溶解,温度下降到35～40 ℃时形成良好的半固体状凝胶。

琼脂糖凝胶具有网络结构,物质分子通过时会受到阻力,大分子物质在泳动时受到的阻力较大,因此在凝胶电泳中,带电颗粒的分离不仅取决于净电荷的性质和数量,而且取决于相对分子质量的大小,这就大大提高了分辨能力。但由于其孔径相当大,对大多数蛋白质来说其分子筛效应微不足道,现广泛应用于核酸的研究中。

DNA分子在琼脂糖凝胶中泳动时,在pH高于等电点的溶液中DNA分子带负电荷,在电场中向正极移动。由于糖-磷酸骨架在结构上的重复性,相同长度的双链DNA几乎具有等量的净电荷,因此它们能以同样的速率向正极方向移动。

6.2.3 DNA在琼脂糖凝胶中的迁移率的影响因素

1. DNA分子的大小

线状双链DNA分子在一定浓度琼脂糖凝胶中的迁移率与DNA相对分子质量的对数成反比。分子越大,迁移得越慢,因为摩擦阻力越大,通过凝胶孔的效率就越低。

2. 琼脂糖浓度

一个给定大小的线状DNA分子,其迁移率在不同浓度的琼脂糖凝胶中各不相同。DNA电泳迁移率的对数($\lg\mu$)与凝胶浓度(T)成正相关,这种相关性可以用方程式表述。凝胶浓度的选择取决于DNA分子的大小。因此,利用不同的凝胶浓度,就能在较大范围内分离不同大小的DNA片段(表6-2)。DNA电泳迁移率与凝胶浓度的关系式为

$$\lg\mu = \lg\mu_0 - K_r T$$

式中:μ_0为DNA自由电泳迁移率;K_r为阻滞系数,它是与凝胶性质、迁移分子大小及形状有关的常数。

表6-2 线状DNA分子的有效分离范围与凝胶中琼脂糖浓度的关系

凝胶中琼脂糖浓度/(%(g/mL))	线状DNA分子的有效分离范围/kb
0.3	5～60
0.6	1～20
0.7	0.8～10
0.9	0.5～7
1.2	0.4～6
1.5	0.2～4
2.0	0.1～3

3. DNA分子的构象

当DNA分子处于不同构象时,它在电场中移动距离不仅和相对分子质量有关,还和它本

身的构象有关。相同相对分子质量的线状、开环和超螺旋 DNA 在琼脂糖凝胶中移动速率是不一样的。一般条件下，超螺旋 DNA 移动最快，而开环 DNA 移动最慢。如在电泳鉴定质粒纯度时发现凝胶上有数条 DNA 带，难以确定是由质粒 DNA 的不同构象引起还是由含有的其他 DNA 引起时，可从琼脂糖凝胶上将 DNA 带逐个回收，用同一种限制性核酸内切酶分别水解，然后电泳，如在凝胶上出现相同的 DNA 图谱，则为同一种 DNA。

4. 电源电压

琼脂糖凝胶电泳分离大分子 DNA 实验条件的研究结果表明，在低电压下，分离效果较好。在低电压下，线状 DNA 分子的电泳迁移率与所用的电压成正比。但是，在电场强度增加时，不同相对分子质量的 DNA 片段的迁移率将以不同的幅度增长，片段越大，因电场强度升高引起的迁移率升高幅度也越大，因此电压增加，琼脂糖凝胶的有效分离范围将缩小。要获得 2 kb 以上 DNA 片段的良好分辨率，则所用电场强度不宜高于 5 V/cm。

5. 嵌入染料的存在

嵌入荧光染料（如溴化乙锭）用于检测琼脂糖凝胶中的 DNA 时，染料会嵌入堆积的碱基对之间并拉长线状和带缺口的环状 DNA，使其刚性更强，还会使线状 DNA 迁移率降低。

6. 离子强度

电泳缓冲液的组成及其离子强度影响 DNA 的电泳迁移率。在没有离子存在时（如误用蒸馏水配制凝胶），电导率最小，DNA 几乎不移动；在高离子强度的缓冲液中（如误用 10×电泳缓冲液），电导率很大并明显产热，严重时会引起凝胶熔化或 DNA 变性。对于天然的双链 DNA，常用的电泳缓冲液有 TAE（Tris-乙酸和 EDTA）、TBE（Tris-硼酸和 EDTA）和 TPE（Tris-磷酸和 EDTA），一般配制成浓缩母液，室温下保存。

6.3 聚丙烯酰胺凝胶电泳

6.3.1 聚丙烯酰胺凝胶电泳的原理

聚丙烯酰胺凝胶电泳是以聚丙烯酰胺凝胶为支持介质的一种常用电泳技术。聚丙烯酰胺是由丙烯酰胺单体和 N,N′-甲叉双丙烯酰胺（交联剂）聚合而成，聚合过程由自由基催化完成。催化聚合的常用方法有两种：化学聚合法和光聚合法。化学聚合以过硫酸铵（AP）为催化剂，以四甲基乙二胺（TEMED）为加速剂。在聚合过程中，TEMED 催化过硫酸铵产生自由基，后者引发丙烯酰胺单体聚合，同时 N,N′-甲叉双丙烯酰胺使丙烯酰胺聚合长链间产生甲叉键交联，从而形成三维网状结构。

和琼脂糖凝胶电泳相比，聚丙烯酰胺凝胶电泳分离范围较窄，但电泳分辨率更高，对仅差 1 bp 的小分子 DNA 片段（5～500 bp）也能分开。其次，它的负载容量高，多达 10 μg 的 DNA 可加样于聚丙烯酰胺凝胶的一个标准加样孔（1 cm×1 mm），其分辨率不会受到显著影响。从聚丙烯酰胺凝胶中回收的 DNA 纯度很高，可用于要求最高的实验（如鼠胚显微注射）。

聚丙烯酰胺凝胶的制备和电泳都比琼脂糖凝胶更为费事。聚丙烯酰胺凝胶几乎总是铺于两块玻璃板之间，两块玻璃板由间隔片隔开并封以绝缘胶垫。在这种装置中，大多数丙烯酰胺溶液不会与空气接触，所以氧对聚合的抑制仅限于凝胶顶部的一薄层里。聚丙烯酰胺凝胶一律是进行垂直电泳，根据分离的需要，其长度可以为 10～100 cm。

6.3.2 DNA在聚丙烯酰胺凝胶中的有效分离范围

聚丙烯酰胺凝胶的孔径大小是由单体和交联剂在凝胶中的总浓度(T)以及交联度(C)决定的。通常凝胶的筛孔、透明度和弹性是随着凝胶浓度的增加而降低的，而机械强度随着凝胶浓度的增加而增加。凝胶浓度的计算公式如下：

$$T=\frac{a+b}{V}\times 100\%$$

式中：a 代表单体的质量(g)；b 代表交联剂的质量(g)；V 代表溶液的体积(mL)。

交联度(C)可按下式计算：

$$C=\frac{b}{a+b}\times 100\%$$

a 与 b 的比值对凝胶的筛孔、透明度和机械强度等性质也有明显影响。当$\frac{a}{b}<10$时，凝胶坚硬，呈乳白色；当$\frac{a}{b}>100$时，凝胶呈糊状，且易断裂。

凝胶孔径的大小可通过控制单体和交联剂的浓度来调节，从而满足不同相对分子质量物质的分离要求。不同浓度的聚丙烯酰胺非变性凝胶的有效分离范围见表6-3。

表6-3 DNA在聚丙烯酰胺凝胶中的有效分离范围

丙烯酰胺浓度[a]/(%)	有效分离范围/bp	二甲苯青FF[b]	溴酚蓝[b]
3.5	1000～2000	460	100
5.0	80～500	260	65
8.0	60～400	160	45
12.0	40～200	70	20
15.0	25～150	60	15
20.0	6～100	45	12

注：a. N,N′-甲叉双丙烯酰胺占丙烯酰胺总浓度的1/30；

b. 给出的数字是迁移率与染料相同的双链DNA片段的粗略大小(核苷酸对)。

6.3.3 分子生物学实验常用的两种聚丙烯酰胺凝胶电泳

1. 变性聚丙烯酰胺凝胶电泳

变性聚丙烯酰胺凝胶用于单链DNA(RNA)片段的分离与纯化。这些凝胶在尿素和(或)甲酰胺(后者不常用)等抑制核酸碱基配对的试剂的存在下发生聚合。核酸在这些凝胶中的迁移率和碱基组成与序列无关。变性聚丙烯酰胺凝胶电泳的用途包括测定DNA链的长度、回收寡核苷酸、放射性DNA探针的分离、S1核酸酶消化产物的分析和DNA测序反应产物的分析。

2. 非变性聚丙烯酰胺凝胶电泳

非变性聚丙烯酰胺凝胶用于双链小分子DNA片段(1000 bp以下)的分离和纯化。双链DNA在非变性聚丙烯酰胺凝胶中的迁移率通常与其大小的对数值成反比。然而，电泳迁移率也受其碱基组成和序列的影响，因此，大小完全相同的两条DNA分子可能由于空间结构的不同而使迁移率相差 10%，故不能用它来确定双链 DNA 的大小。非变性聚丙烯酰胺凝胶电泳主要用于制备高纯度的 DNA 片段和检测蛋白质-DNA 复合物。

实验 4　DNA 的限制性核酸内切酶酶切及凝胶电泳

一、实验目的与内容

(1) 通过对质粒 DNA 进行限制性核酸内切酶酶切的实验，学习和掌握限制性核酸内切酶的特性和对 DNA 进行限制性核酸内切酶酶切的原理和方法。

(2) 制备水平式琼脂糖凝胶，对 DNA 样品进行琼脂糖凝胶电泳检测，学习和掌握 DNA 的琼脂糖凝胶电泳的原理和方法。

二、实验原理

限制性核酸内切酶是一类能识别双链 DNA 分子中特异核苷酸序列的 DNA 水解酶，根据其性质不同可分为不同类型，其中最为广泛使用的限制性核酸内切酶是Ⅱ型限制性核酸内切酶，它能够在所识别的 DNA 序列内部对 DNA 双链进行切割，从而产生特定的黏性或者平末端。酶切反应体系需要有 Mg^{2+} 作为辅助因子，并要求有一定的盐离子浓度。酶切反应结果可以通过琼脂糖凝胶电泳进行检测。

琼脂糖是一种天然聚合长链状分子，经熔化、凝聚后可形成多孔网状的凝胶结构，其网孔大小和机械强度取决于琼脂糖浓度。琼脂糖凝胶结构均匀，不含带电荷的基团，对样品的吸附性很弱，呈半透明状，且无紫外吸收，因此常被用作电泳的支持介质。核酸分子在高于其等电点的 pH 条件下带有负电荷，可在电场的作用下由负极向正极迁移。核酸分子的迁移率可受到离子强度、电压、pH、凝胶浓度等多种因素的影响。当外部条件都一样时，核酸分子的迁移率将取决于核酸分子本身的大小和构象。具有不同相对分子质量和不同构象的核酸片段的泳动速率是不一样的，因此可以利用琼脂糖凝胶电泳对不同的核酸分子进行分离。实验表明，线状 DNA 分子的迁移率与相对分子质量的对数值成反比。因此通过参比已知标准相对分子质量的 DNA 迁移率，可测定样品 DNA 的相对分子质量。当 DNA 分子处于不同构象时，它在电场中泳动速率不仅和相对分子质量有关，还和它本身构象有关。相同相对分子质量的超螺旋、开环和线状的 DNA 在琼脂糖凝胶中具有不同的迁移率。

目前已有多种荧光染料可用于对凝胶中的 DNA 样品进行检测。当这些荧光染料通过嵌入碱基之间等方式与 DNA 结合后，其荧光产率要比没有结合 DNA 时高几十倍，荧光强度与 DNA 的含量成正比。如将已知浓度的 DNA 样品作为对照，可估算出待测 DNA 样品的浓度。在早期，溴化乙锭(EB)是最为常用的凝胶 DNA 检测染料，但由于溴化乙锭具有致癌性，目前正在逐渐地被低毒或无毒的 SafeRed、SYBR Safe 等新型核酸染料代替。

三、实验仪器、材料和试剂

1. 材料

pGL3 质粒(或其他符合要求的质粒，购买或自行提取纯化)、*Xba* Ⅰ酶及其酶切缓冲液(购买成品)、*Hind* Ⅲ酶及其酶切缓冲液(购买成品)、适合于 *Xba* Ⅰ和 *Hind*Ⅲ双酶切反应的10×缓冲液、电泳级琼脂糖、DNA 标准相对分子质量 Marker、核酸染料(如 SYBR,Safe 等)。

2. 仪器及耗材

稳压稳流电源、水平式凝胶电泳槽及其附件、台式离心机、微波炉、紫外透射仪、凝胶图像分析仪(或相机)、天平、恒温水浴装置、微量移液器、锥形瓶、量筒、1.5 mL 离心管、离心管架、一次性手套、称量纸、−20 ℃冰盒、装有碎冰的冰盒、防护眼镜、胶带(宽约 1 cm)、棉塞。

3. 试剂

(1) 50×TAE 电泳缓冲液:取 242 g Tris 碱、57.1 mL 冰乙酸、100 mL 0.5 mol/L EDTA 溶液(pH8.0),加水至 1 L,室温下保存。使用前,稀释成 1×溶液待用。

(2) 6×上样缓冲液:0.25%溴酚蓝、0.25%二甲苯青 FF、40%(g/mL)蔗糖溶液,4 ℃下贮存。

(3) 无菌水。

四、实验步骤和方法

1. 质粒 DNA 的单酶切和双酶切反应

(1) 将 3 支清洁、干燥并经灭菌的离心管编号,按表 6-4 加入相应试剂。

表 6-4　质粒 DNA 酶切反应加样

项目	Ⅰ	Ⅱ	Ⅲ
无菌水	12 μL	12 μL	12 μL
10×限制性核酸内切酶 *Xba* Ⅰ缓冲液	2 μL		
10×限制性核酸内切酶 *Hind* Ⅲ缓冲液		2 μL	
适合于限制性核酸内切酶 *Xba* Ⅰ和 *Hind* Ⅲ双酶切反应的10×缓冲液			2 μL
pGL3 质粒	5 μL(约 1 μg)	5 μL(约 1 μg)	5 μL(约 1 μg)
限制性核酸内切酶 *Xba* Ⅰ	1 μL		0.5 μL
限制性核酸内切酶 *Hind* Ⅲ		1 μL	0.5 μL
总体积	20 μL	20 μL	20 μL

(★此步操作是整个实验成败的关键,要防止错加和漏加。在此过程中,限制性核酸内切酶应置于−20 ℃冰盒中,其余物品置于装有碎冰的冰盒中。限制性核酸内切酶使用完毕后,应迅速放回低温冰箱中,减少其离开冰箱的时间,以免活性降低。因为限制性核酸内切酶保存于较高浓度的甘油溶液中,如果所加入的酶体积大于总体积的 1/10,则反应体系中甘油浓度将过高,会抑制限制性核酸内切酶的活性。)

(2) 用手指轻弹管壁,混匀溶液,经离心机快速离心 2 s,使溶液集中在管底。(★应避免剧烈振荡,防止底物 DNA 和限制性核酸内切酶受损。)

(3) 反应体系混匀后,将离心管置于 37 ℃恒温水浴中,保温 1~3 h,使酶切反应完全。(★要盖严离心管,防止水蒸气进入。反应完毕后,将离心管离心,使管壁上的水珠回落到底部。)

2. 琼脂糖凝胶的制备

(1) 将水平式凝胶电泳槽中的有机玻璃凝胶板两端分别用胶带(宽约 1 cm)紧密封住。将封好的凝胶板置于水平支持物上。选择孔径大小适宜的点样梳，垂直架在凝胶板上，调节梳齿与胶模底面的距离，保持0.5～1.0 mm的空隙。如果所用的水平式凝胶电泳槽自带制胶模具，则按照其说明书进行操作。

(2) 量取足够制备凝胶所需的1×TAE电泳缓冲液，倒入锥形瓶中，然后根据所需浓度(一般为0.8%～1%)称取一定量的琼脂糖加入锥形瓶中，轻轻盖上棉塞，避免完全密封。

(3) 将锥形瓶放入微波炉里加热，加热过程中要不时摇动，使附于瓶壁上的琼脂糖颗粒进入溶液中。当琼脂糖全部熔化后，将锥形瓶取出，摇匀。(★在加热过程中，锥形瓶温度较高，应小心操作，避免烫伤。由于在加热过程中会产生大量的水蒸气，因此一方面应避免敞口加热，以减少水分蒸发，如果蒸发过多的话，应适当补充缓冲液，另一方面也不能将锥形瓶完全密闭，须留有气体交换通道，以避免容器内气体压力过高，出现事故。此外，切忌将锥形瓶的瓶口对人。)

(4) 待凝胶液冷却至50～60 ℃时(手触摸容器时不烫手)，在凝胶液中加入适量的核酸染料，摇匀后缓缓倒入已经插有梳子的制胶槽中，使凝胶液形成均匀的胶层，凝胶的厚度在3～5 mm，检查有无气泡，等待其冷却凝固。(★核酸染料溴化乙锭(EB)是一种强诱变剂，有毒性，如使用其作为核酸染料，进行操作时必须戴一次性手套，注意防护。应该在指定的区域内进行溴化乙锭的操作，将沾有溴化乙锭的物品放在指定的地方，避免污染。使用其他低毒或无毒核酸染料时，应按照使用说明书进行操作，保证安全。在倒胶时，应避免产生气泡，尤其梳子周围不能有气泡，若有气泡，可用吸管或微量移液器吸去。)

(5) 在凝胶完全凝固之后，小心移去点样梳和胶带，将胶床放在电泳槽内，加样孔一侧靠近阴极(黑极)，加入电泳缓冲液(1×TAE)至电泳槽中，使液面高于胶面约1 mm。(★在移除点样梳时，不要损伤梳底部的凝胶，如有损伤，则该加样孔不能使用。因边缘效应，样品孔周围会有一些隆起，可能阻碍电泳缓冲液进入样品孔内，所以要注意保证样品孔内充满电泳缓冲液。)

3. 琼脂糖凝胶电泳

(1) 取一定量的酶切DNA样品和未进行酶切的DNA样品，分别与其1/5体积的6×上样缓冲液混合，混合均匀后，短暂离心，然后用微量移液器小心地将样品有序地加入不同的样品孔中，总体积不可超过样品孔容量。然后根据DNA Marker使用说明书取一定量的DNA Marker，加入另一个样品孔中。记录样品的点样顺序。(★每加完一个样品，需要换一个吸头，以防止互相污染。加样时应小心操作，避免碰坏样品孔周围的凝胶面以及穿透凝胶底部。)

(2) 加完样后，插上导线，打开电泳仪电源，根据电泳槽长度调节电压，在1～5 V/cm的电压梯度下(按两极间距离计算出电泳所需的总电压)，进行电泳。当溴酚蓝条带移动到距凝胶前沿1～2 cm时，停止电泳。(★电泳开始，观察电泳槽中正、负极的铂金丝是否有气泡出现。如负极气泡比正极气泡多，说明电泳槽已经接通电源。上样缓冲液中的染料具有不同的迁移率。以0.5×TBE作为电泳缓冲液时，蓝紫色的溴酚蓝的迁移率约与300 bp双链DNA分子的相同，绿色的二甲苯青FF约与4 kb双链DNA分子的相同。可参照指示剂的迁移情况决定是否停止电泳。)

(3) 电泳结束后，戴一次性手套取出凝胶，沥去残留在凝胶上的液体，将凝胶放在紫外透射仪上，观察电泳结果，用凝胶图像分析仪(或相机、手绘等方式)记录电泳结果。(★用紫外透射仪进行观察时，应戴上防护眼镜或有机玻璃面罩，以免紫外光损伤眼睛。当用溴化乙锭作为核酸染料时，凝胶和电泳缓冲液都含有溴化乙锭，应小心操作，避免污染。实验完毕后，须将包括凝胶、一次性手套在内的沾有溴化乙锭的固体物品用塑料袋封装，并回收电泳缓冲液，由实验室统一处理，以免污染环境。高浓度的溴化乙锭溶液(浓度大于0.5 mg/mL)的净化处理：加水，使溴化乙锭的浓度降低至0.5 mg/mL以下；加入1倍体积的0.5 mol/L $KMnO_4$溶液，混匀后再加1倍体积的2.5 mol/L HCl溶液，混匀后，于室温放置数小时；加入1倍体积的2.5 mol/L NaOH溶液，小心混匀后可排放。低浓度的溴化乙锭溶液(如电泳缓冲液)的净化处理：将粉状活性炭加入溶液中，不时摇动；1 h后用滤纸过滤溶液，丢弃滤液；将滤纸和活性炭用塑料袋封装，作为有害物处理。)

五、作业与思考题

1. 作业

(1) 仔细观察凝胶电泳图像，记录所得到的DNA条带和染料带的形状、颜色、位置、亮度，并进行深入分析。

(2) 完成实验报告，实验报告应包含凝胶电泳图片。

2. 思考题

(1) 如果电泳结果显示质粒DNA未被切断，你认为可能是什么原因造成的?

(2) 琼脂糖凝胶电泳中影响DNA分子迁移率的因素有哪些?

(3) 为什么在DNA琼脂糖凝胶电泳中需要加入核酸荧光染料? 其作用机制是什么?

第7章 DNA 转化

7.1 感受态细胞的制备

细菌处于容易吸收外源 DNA 的状态，称为感受态。受体细胞经过一些理化方法（如电击转化法和 $CaCl_2$ 等化学转化法）的诱导后，细胞膜的状态改变，细胞膜的通透性增强，使细胞容易接受外来 DNA 或载体进入，这样的细胞称为感受态细胞（competent cell）。由于细胞膜具有流动特性，细胞膜通透性随后会逐渐自动修复。研究证明，感受态只能发生在细菌生长周期的某一时期。有人认为感受态是细胞的 DNA 合成刚刚完成，而蛋白质合成仍处于活跃期的状态。用作感受态细胞的细菌，必须是限制-修饰系统缺陷的变异株，即不含限制性核酸内切酶和甲基化酶的变异株，常用符号 R^-、M^- 表示。若不是 R^-、M^- 缺陷型细菌，转化进入的 DNA 分子将被降解消除，使转化不能成功。

感受态细胞的制备方法有多种，但总体上都是用金属离子处理一定时间，所用的离子有 Ca^{2+}、K^+、Mg^{2+}、Mn^{2+} 等。主要方法有以下几种：①Hanahan 法。该法重复性很好，可以制备出效率很高的大肠杆菌感受态细胞，适用于很多分子克隆中常用的大肠杆菌（如 DH1、DH5、MM294、JM108/109、DH5α 等），但也有一些株系的大肠杆菌不能采用这种方法。②Inoue 法。它可制备超级感受态细胞。采用 Inoue 法制备大肠杆菌感受态细胞有时能达到 Hanahan 法的转化效率，但在标准实验室条件下，达到每微克质粒 DNA $1\times10^8\sim3\times10^8$ 个转化克隆的转化效率更为常见。这一方法与其他方法所不同的是细菌在 18 ℃进行培养，而不是通常的 37 ℃。分子克隆中很多常用的大肠杆菌株系都可用这种方法。③冷氯化钙法。该法是制备大肠杆菌感受态细胞最常用的化学方法，简便易行，重复性好，且其转化效率可达到每微克超螺旋质粒 DNA $5\times10^6\sim2\times10^7$ 个转化克隆，完全可以满足一般实验要求。经过 $CaCl_2$ 处理的细胞其细胞膜通透性增加，成为能允许外源 DNA 分子进入的感受态细胞。冷氯化钙法常用于批量制备感受态细胞。对于 $CaCl_2$ 诱导的细胞转化而言，菌龄、$CaCl_2$ 处理时间、感受态细胞的保存期均是影响转化的重要因素，制备好的感受态细胞通常在 12～24 h 内转化率最高，之后转化率急剧下降。制备的感受态细胞暂时不用时，加入终浓度为 15% 的无菌甘油，−70 ℃可保存半年至一年。

7.2 转化

转化首先是由格里菲斯（Griffith）在肺炎双球菌中发现的，后来阿委瑞（Avery）等从分子水平上研究证实,转化因子是DNA。1970年Mandel和Higa发现用$CaCl_2$处理的大肠杆菌细胞可以吸收菌体DNA。1972年Cochen证明用$CaCl_2$处理的细胞也可以接受质粒DNA,此后转化成为外源DNA在细胞间转移的重要手段。在自然条件下,只有少数细菌(如肺炎链球菌、枯草杆菌、嗜血杆菌等)能发生转化作用,其他大多数细菌是不发生转化的。质粒是游离于宿主细胞基因组以外的遗传物质,可以在宿主细胞中进行复制,并且随着代数的增加而遗传给后代细胞,质粒在不同的细菌之间转移是微生物世界中一种普遍的现象。研究表明,很多质粒也可通过细菌接合作用转移到新的宿主细胞内,但人工构建的质粒载体中一般缺乏转移所必需的*mob*基因,因此不能自行独立完成从一个细胞到另一个细胞的接合转移。

转化(transformation)是指某些细菌(或其他生物)能通过其细胞膜摄取周围供体的染色体片段,并将此外源DNA片段通过重组整合到自己染色体组中,使其基因型和表现型发生相应变化的现象。只有当整合的DNA片段产生新的表现型时,才能测知转化的发生。转化中提供遗传物质的一方称为供体,接受供体遗传物质的一方称为受体。被外源DNA转化的受体细胞称为转化子或重组子。在基因工程中,转化是指感受态的大肠杆菌细胞捕获和表达重组质粒载体DNA分子的过程。把重组噬菌体或重组病毒DNA引入受体细胞(菌)叫转染。带有外源DNA片段的重组体分子在体外构建之后,需要导入适当的宿主细胞进行繁殖,才能获得大量的单一的重组体DNA分子。将外源DNA分子导入受体细胞的途径,包括转化(或转染)、转导、显微注射和电击等。目前实际工作中所指的转化,主要包括质粒DNA、λ噬菌体等载体以及它们的体外重组体进入细菌细胞的过程。转化的机制包括以下两个过程。

7.2.1 供体DNA与受体细胞间最初的相互接触过程

转化的第一步是使供体DNA与受体细胞接触并发生相互作用。影响它们之间相互作用的因素包括转化片段的大小、形态、浓度、受体细胞的生理状态和细胞生长密度。并非所有的外源DNA片段都适合转化,只有双链而且相当大的外源DNA片段才能够转化。

并非所有的细菌细胞都能被转化,只有在生理上处于感受态的细胞才能够被转化,即必须具有表面蛋白(或称为感受态因子),这种表面蛋白在摄取外源DNA的能量需求反应中与外源DNA片段相结合,细胞才能接受外源DNA片段,从而实现转化。细菌细胞的感受态一般出现在对数生长期(OD_{600}为0.4～0.6),新鲜幼嫩的细胞是制备感受态细胞和进行成功转化的关键。

7.2.2 转化过程

细菌的遗传转化过程包括供体DNA与受体位点的结合、供体DNA由双链向单链的转变、单链供体DNA的穿入、单链供体DNA片段与受体染色体之间的联会与整合、被整合的供体基因在转化细胞中的性状表达(图7-1)。

转化是微生物遗传、分子遗传、基因工程等研究领域的基本实验技术之一。在原核生物中,转化是一个较普遍的现象。在细胞间转化是否能够发生,一方面取决于供体菌与受体菌两者在进化过程中的亲缘关系,另一方面取决于转化效率,而转化效率的高低与受体菌的生理状态有关。一般采用电击转化法或者$CaCl_2$等化学转化法,在一定的pH条件下,处理大肠杆菌,以提高膜的通透性,改善受体菌的生理状态,从而使外源的DNA分子能够相对比较容易地进入大肠杆菌细胞内部,从而实现整合转化目的。在基因工程中,转化的实现是借助于人工制备

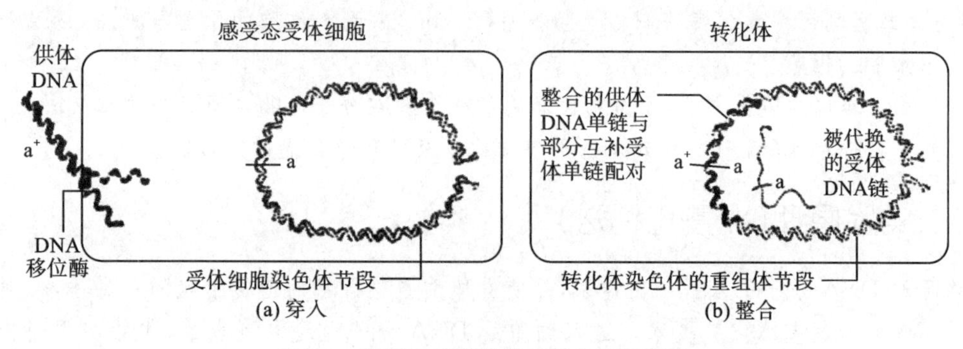

图 7-1　肺炎双球菌转化的两个主要步骤

（引自刘庆昌，2010）

的感受态细胞。其中，电击转化法适用于大多数大肠杆菌和 15 kb 以下的质粒，该法转化线状质粒的效率很低，是闭环 DNA 的 1/1000～1/10。而化学转化法常采用 $CaCl_2$、KCl、RbCl、$MgCl_2$ 等，所有化学转化法均需制备感受态细胞。化学转化法简单、快速、稳定、重复性好、菌株适用范围广，感受态细菌可以在－70 ℃保存，因此被广泛用于外源基因的转化。

在低温下，将携带有外源 DNA 片段的载体与感受态细胞混合后，可以通过热激或电穿孔技术，使载体分子进入受体细胞。进入受体细胞的外源 DNA 分子通过复制、表达，使受体细胞出现新的遗传性状。转化进入受体细胞的 DNA 分子往往具有不同于原细菌的遗传信息，转入的 DNA 会使受体细胞出现新的遗传性状。如果将转化后的培养物菌液涂在不含选择性抗生素的培养基平板上，就会出现成千上万甚至上百万的细菌克隆，且大多数克隆不含有质粒，将很难确认究竟哪个细菌克隆才是真正的转化子，转化将是无效的，可见需要一种筛选含有质粒克隆的方法。通常是利用质粒载体携带某一抗生素抗性基因来实现筛选的。

许多用于转化的 DNA 分子都含有人为的目的基因，有的还具有表达外源目的基因的质粒 DNA，使这些转化体能够产生目的基因的表达产物。转化以后能否获得预期的转化体，筛选很关键，这就需要预先设计好实验所需要的转化载体，载体具有的遗传性状应能与其他转化体以及非转化体区别开来，并易于检出。这样在转化后，就可以很方便地从大量的转化体中筛出目的重组子。例如在基因工程研究中，选择的质粒载体一般含有一个抗生素抗性基因，如氨苄青霉素抗性基因。重组子在表达该基因的产物后，细胞就获得抵抗相应抗生素（如氨苄青霉素）的能力，把经过转化后的细菌细胞在含有相应抗生素的选择性培养基上培养，只有质粒已进入的细菌才能生长，因此将这些转化后的细菌细胞在选择性培养基上培养，通过标记颜色反应即可筛选出重组子（如蓝白斑筛选），可保证这些克隆是从单个细胞增殖而成。鉴定带有重组质粒克隆的方法常用的有α-互补、小规模制备质粒 DNA 进行酶切分析、插入失活、PCR 以及杂交筛选等。

实验 5　大肠杆菌感受态细胞的制备和转化

一、实验目的与内容

（1）通过受体菌的预培养、感受态细胞的制备、感受态细胞的转化和重组质粒的筛选等实验,学习和掌握利用冷氯化钙法制备大肠杆菌(*E. coli*)感受态细胞的原理与方法,以及影响制备感受态细胞的因素。

(2) 掌握转化的操作方法,了解细菌转化的概念及在分子生物学研究中的意义。

(3) 学习将外源质粒 DNA 转入感受态细胞以及转化子筛选的方法。

二、实验原理(冷氯化钙法)

将异源 DNA 分子引入一细菌株系,是使受体细胞获得新的遗传性状的一种手段,是基因工程等研究领域的基本实验技术。进入细胞的 DNA 分子通过复制表达,才能实现遗传信息的转移,使受体细胞出现新的遗传性状。

许多细菌(如大肠杆菌)不能摄取有功能活性的 DNA,但可以通过人工的方法导入 DNA,用 $CaCl_2$ 处理受体菌,可诱导细胞出现短暂的“感受态”,使之具有摄取外源 DNA 的能力,从而能摄取不同来源的 DNA。转化混合物中 DNA 与 Ca^{2+} 结合可形成对 DNase 有抗性的复合物,并黏附于细菌细胞表面,经过短暂的 42 ℃热激,可促进细菌摄取 DNA-Ca^{2+} 复合物,提高转化效率。

本实验以 *E. coli* DH5α 菌株为受体细胞,在 0 ℃ $CaCl_2$ 低渗溶液中,细菌细胞膨胀成球形,使其处于感受态,然后将 pUC19 质粒在 42 ℃下短时间热激处理,以便促进细胞吸收 DNA-Ca^{2+} 复合物,实现转化。然而即使在最佳条件下,也只能将部分质粒 DNA 导入受体菌。为鉴定这些转化子,需利用质粒的筛选标记。这些标记赋予细菌以新的表型,使转化成功的细菌很容易被筛选出来。例如 pUC19 质粒携带氨苄青霉素抗性基因(Amp^r),用其转化的 *E. coli* DH5α 菌株就能够在氨苄青霉素的选择培养基上生长,先将处理后的细菌放置在非选择性培养液中保温一段时间,促使在转化过程中获得的新表型(如 Amp 抗性等)得到表达,然后将此细菌培养物涂布在含有相应抗生素(如氨苄青霉素)的选择性培养基上,37 ℃培养过夜,这样即可得到转化菌落。只有那些带有抗性的转化体才能够生长成为菌落(克隆),其他未转化的受体菌则不能在这种选择培养基上生长,由此可选出所需的转化体。

对于带有β-半乳糖苷酶(LacZ)基因的载体可以用α-互补法来筛选,通过α-互补产生的β-半乳糖苷酶(LacZ)能够将无色底物 5-溴-4-氯-3-吲哚-β-D-半乳糖苷(X-gal)分解而产生蓝色的物质,因此细菌菌落为蓝色。利用这个特点,在载体的该基因编码序列之间人工放入一个多克隆位点,当插入一个外源 DNA 片段时,会造成 *lacZ*(α)基因的失活,破坏α-互补作用,就不能产生具有活性的半乳糖苷酶。本实验用到的质粒 pUC19 进入 *E. coli* DH5α 菌株后,通过α-互补作用,不能形成完整的β-半乳糖苷酶,在培养基上能够形成白色菌落,而未受转化的受体细胞因可通过α-互补产生完整的β-半乳糖苷酶分解 X-gal,在酸性环境下,产生蓝色的物质,因此细菌菌落为蓝色。挑取在相应抗生素培养基上生长的白色菌落,通过扩增培养,可将转化的质粒提取出来,进行后续的酶切、连接等实验。

外源 DNA 转入细胞的能力一般用转化率来表示。影响转化率的因素很多,但与本实验密切相关的因素为氯化钙的浓度、钙离子的作用时间、用于转化的 DNA 量、热激时间以及感受态细胞存放时间等。转化后在含抗生素的平板上长出的菌落即为转化子,根据此培养皿中的菌落数可计算出转化子总数和转化频率,公式如下:

转化子总数=菌落数×稀释倍数×转化反应原液的总体积/涂板菌液体积

转化频率=转化子总数/质粒 DNA 加入量(μg)

感受态细胞总数=对照组菌落数×稀释倍数×菌液总体积/涂板菌液体积

感受态细胞转化效率=转化子总数/感受态细胞总数

三、实验仪器、材料和试剂

1. 仪器

恒温水浴锅、恒温摇床、冰箱(−20 ℃、−70 ℃)、紫外分光光度计、PCR仪、高速冷冻离心机、高压灭菌锅、可调式移液器(并附带无菌吸头:1 mL、200 μL、10 μL)、制冰机、电子天平(精度0.01 g、0.0001 g)。超净工作台以及超净工作台上的相关器具:培养皿、试管、接种针(环)、酒精灯、锡箔纸、称量纸、量筒、离心管架、无粉乳胶手套、平底锥形瓶(1 L)、泡沫冰盒、封口膜、塑料离心管(0.2 mL、1.5 mL、2 mL、50 mL)、计时器等。

2. 材料

(1) 大肠杆菌(*E. coli*)菌株DH5α。

(2) pUC19质粒。

(3) 外源DNA片段。

(4) 重组质粒。

(5) DNA连接产物,pMD18T+DNA片段。

3. 试剂

(1) LB液体培养基:取10 g胰蛋白胨、5 g酵母抽提物、10 g NaCl,加灭菌双蒸水定容至1000 mL,用10 mol/L NaOH溶液调pH至7.0,121 ℃高压湿热灭菌20 min,备用。

(2) LB固体培养基:取10 g胰蛋白胨、5 g酵母抽提物、10 g NaCl、15 g琼脂粉,加灭菌双蒸水定容至1000 mL,用10 mol/L NaOH溶液调pH至7.0,121 ℃高压湿热灭菌20 min,备用。

(3) 筛选LB固体培养基平板:将灭菌好的LB固体培养基冷却到50 ℃左右,以放在手背不烫为准,加入一定浓度的相应抗生素(如果载体是pUC18、pMD18T+DNA,则按1‰加入50 mg/mL氨苄青霉素贮存液;如果载体是pET28-30a,则加入100 μg/mL卡那霉素),摇匀后,倒入灭菌培养皿中,用NaOH溶液调pH至7.2,冷却后4 ℃下保存备用。

(4) 80%的甘油保存液:取1 g胰蛋白胨、0.5 g酵母抽提物、1 g NaCl、80 mL甘油,加灭菌双蒸水定容至100 mL,用2 mol/L NaOH溶液调pH至7.0~7.5,121 ℃高压湿热灭菌20 min,备用。

(5) 1 mol/L $CaCl_2$溶液:称取$CaCl_2 \cdot 2H_2O$ 147 g,溶于300 mL灭菌双蒸水,定容至1000 mL,用0.22 μm的滤膜过滤除菌。分装成小份,−20 ℃保存。

(6) 0.1 mol/L $CaCl_2$溶液:由1 mol/L $CaCl_2$溶液稀释。

(7) 20 mg/mL X-gal:用二甲基甲酰胺溶解X-gal配制成20 mg/mL的溶液,不需要过滤灭菌,分装于小离心管中,用铝箔封裹,避光贮存于−20 ℃。

(8) 200 mg/mL异丙基-β-D-硫代半乳糖苷(IPTG)溶液:取2.0 g IPTG,溶解于8 mL灭菌双蒸水中,定容至10 mL,用0.22 μm的滤膜过滤除菌,分装成1 mL/份,−20 ℃保存。

(9) 50 mg/mL氨苄青霉素贮存液:取50 mg氨苄青霉素,溶于1 mL灭菌双蒸水,过滤除菌,−20 ℃保存。

(10) 灭菌双蒸水。

(11) 50%甘油。

(12) 抗生素溶液:50 mg/mL 氨苄青霉素或 10 mg/mL 卡那霉素。

四、实验步骤和方法

1. 受体菌的预培养

(1) 从−70 ℃冰箱中取出大肠杆菌菌株 DH5α,在不含有抗生素的 LB 固体培养基平板上划线,用封口膜封口,于 37 ℃培养 14~16 h。

(2) 挑取新活化的 *E. coli* DH5α 单菌落,接入 5 mL 不含抗生素的 LB 液体培养基中,37 ℃振荡培养过夜。

(3) 次日将上述培养物按 1∶100 的比例转入 50 mL 新鲜 LB 液体培养基中,37 ℃振荡培养 2~3 h,使细菌浓度达到 OD_{600} 为 0.3~0.5(肉眼对光观察略有混浊即可)。

2. 感受态细胞的制备

(1) 将菌液转入两支用冰预冷的 50 mL 无菌离心管中,冰水上摇动 10~60 min(菌液冷却为止),4 ℃ 5000 r/min 离心 10 min,弃上清液。

(2) 离心管中分别加入 10 mL 用冰预冷的 0.1 mol/L $CaCl_2$ 溶液,重悬菌体,冰浴 15~30 min。

(3) 4 ℃ 5000 r/min 离心 10 min,弃尽上清液。

(4) 分别加入 2 mL 用冰预冷的 0.1 mol/L $CaCl_2$ 溶液,悬浮细胞,冰上放置 1 h,即为感受态细胞。

(5) 将上述制备好的感受态细胞以菌液与甘油为 7∶3 的比例加入 50%甘油,混匀后分装到 1.5 mL 无菌离心管中,放置在 4 ℃冰箱中,一周内均可直接用于转化,或者用液氮速冻后,在−70 ℃冰箱中长期保存,使用时取出置于冰中熔化。

3. 感受态细胞的转化

(1) 在超净工作台上冰浴条件下,取摇匀的感受态细胞悬液(如果是冷冻保存,则在室温下解冻,然后立即放置到冰上)50 μL,加入 5 μL 待转化的质粒 DNA,轻敲混匀,冰浴 30 min;实验中至少设 1 支对照管,以同体积的无菌双蒸水代替 DNA,即对照管中只有感受态细胞。(**★50 μL 感受态细胞需 25 ng DNA,体积不应超过感受态细胞体积的 5%。**)

(2) 将离心管放至 42 ℃水浴中或 42 ℃ PCR 仪上热激 90 s。(**★热激是一个关键步骤,准确地达到热激温度非常重要。**)

(3) 快速将离心管转移至冰浴中,保持 3~5 min。

(4) 在 1.5 mL 离心管中加入 1 mL 无抗生素的新鲜 LB 液体培养基,将热激后的感受态细胞加入、混匀,37 ℃ 150 r/min 复苏培养 1.5 h(转化),使受体菌恢复正常生长状态,并表达质粒编码的抗生素抗性基因。

4. 重组质粒的筛选

(1) 在超净工作台上,在预制的含一定量相应抗生素的 LB 固体筛选琼脂平板上,加 40 μL 20 mg/mL 生色底物 X-gal 和 5 μL 200 mg/mL IPTG 溶液,并在无菌条件下,均匀涂布于琼脂凝胶表面,进行蓝白斑筛选。

(2) 用无菌吸头取 200 μL 已转化并培养的感受态细胞,均匀涂在上面的培养皿上。该步骤根据研究需要,也可以设置几个空白对照处理,以便于观察转化效果。

(3) 待菌液完全被培养基吸收后,封好培养皿,倒置,于 37 ℃恒温培养,12~16 h 后可出现很多菌落,培养皿上生长的白色菌落为 DNA 重组子,蓝色菌落为空载体。每板挑选 3 个白色克隆，接菌于含合适浓度抗生素的 LB 液体培养基，37 ℃培养过夜，用于后续的扩增并进一步进行重组子鉴定。

(4) 观察菌落生长情况，并进行结构统计及分析。

五、注意事项

(1) 实验中所用的器皿均要灭菌，以防止杂菌和外源 DNA 的污染，溶液移取、分装等均应在超净工作台上进行。

(2) 细胞生长不足或过高均会使转化率下降，应选择对数生长期的细胞制备感受态细胞，OD_{600}不应高于 0.6，相对而言，转化频率较高。OD 值与细胞之间的关系因菌株的不同而异。

(3) 转化实验必须在低温下进行，不能离开冰浴，温度的波动会明显影响转化效率。所有的试剂和器皿应该在冰上预冷，细菌的温度须始终保持在 4 ℃以下。重悬操作时动作要轻柔。

(4) 白色菌落中的重组质粒内插入片段是否为目的片段需通过鉴定。

(5) 抗生素要在培养基冷却至 50～60 ℃才添加，否则会引起抗生素失活。

(6) 本实验方法适合于 *E. coli* 各菌株，但同一菌株与不同质粒间的转化效率是不一样的，有的重组质粒转化率会很低。

(7) IPTG 和 X-gal 要涂均匀，否则会影响平板上蓝白斑的筛选效果。

(8) 细胞在冰凉后即获得了感受态，而在－70 ℃几小时后感受性达到最高值，至少几个月内均能维持高水平的感受性。

六、作业与思考题

1. 作业

分析菌落的生长状况，统计每个培养皿中的菌落数，将各培养皿中菌落生长统计分析结果填写在表 7-1 中。

表 7-1　培养皿内菌落生长状况及原因分析

项目	不含 Amp 培养基的菌落生长状况	含 Amp 培养基的菌落生长状况	结构说明及原因
质粒 DNA 对照			
质粒转化实验			
受体菌对照			

2. 思考题

(1) 分析本实验中能够出现蓝白斑菌落现象的原因。

(2) 如果转化效率偏低，平板上只出现少数的蓝白斑菌落，应该考虑的影响因素有哪些？如果转化的平板上过多或者没有蓝斑，可能的原因又是什么？

第8章 DNA 重组的基本流程和方法

重组 DNA 技术又称为基因克隆技术或分子克隆技术，其实质是将不同来源的 DNA 片段剪接在一起，形成新的 DNA 分子，再将其导入细胞（细菌）进行扩增，并利用细胞（细菌）自身体系表达特定基因产物，以达到深入分析基因的结构与功能，人为改造细胞遗传及性状的目的。

一个典型的 DNA 重组基本流程包括以下五个步骤：①目的基因的获取；②DNA 分子的体外重组；③DNA 重组体的导入；④受体细胞的筛选；⑤基因表达。

8.1 目的基因的获取

目的基因是指待检测或待研究的特定基因，也可称为供体基因。目前，有多种途径获得目的基因：直接从染色体中分离；化学合成法；用反转录酶反转录制备 cDNA（complementary DNA）；构建基因组文库或 cDNA 文库，再从文库中筛选出目的基因；用 PCR（polymerase chain reaction，PCR）方法扩增出目的基因等。

8.1.1 直接从染色体中分离

该方法适用于基因结构简单的原核生物及多拷贝基因。具体方法为：直接从组织或供体，用机械法（如超声波）或限制性核酸内切酶将 DNA 切割（在酶切过程中应注意选用合适的限制酶，否则有可能将所需要的基因切断失活），再用电泳或超速离心法进行分离，获得目的基因。

8.1.2 化学合成法

化学合成目的基因是 20 世纪 70 年代以来发展起来的一项新技术，可在短时间内合成目的基因。已知目的基因的核苷酸序列，或根据某种基因产物的氨基酸顺序推导出该多肽编码基因的核苷酸序列，然后利用 DNA 合成仪人工合成。对于较大的基因，可以先分段合成 DNA 短片段，再经过 DNA 连接酶作用，将这些片段依次连接成一个完整的基因链。化学合成法的优点是可以人为地制造、修饰基因，在基因两端方便设计各种接头以及选择各种宿主生物偏爱的密码子，但费用较高。

8.1.3 用反转录酶反转录制备 cDNA

对已知 mRNA 序列的基因可以采用 RT-PCR（reverse transcription PCR）方法进行制备。

具体方法为：提取细胞总 RNA，经反转录合成第一链 cDNA 后，采用特异性引物进行 PCR 第二链扩增，得到所需的目的基因。

8.1.4　构建基因组文库及 cDNA 文库

1. 构建基因组文库

基因组文库是含有某种生物体全部基因片段的重组 DNA 克隆群体，又称为 G-文库。构建基因组文库时，先提取原核或真核细胞染色体 DNA，用机械法或限制性核酸内切酶将染色体 DNA 切割成大小不等的许多 DNA 片段。将它们与适当的克隆载体连接成重组 DNA 分子，继而转入受体菌扩增、克隆，这样就构建了基因组文库。基因组文库就像图书馆贮存万卷书一样，涵盖了基因组全部基因信息。采用适当筛选方法从众多转化子菌落中筛选出含有目的基因的菌落，再行扩增、分离、回收，从而获得目的基因。

2. 构建 cDNA 文库

以 mRNA 为模板，利用反转录酶合成与 mRNA 互补的 cDNA，再复制成双链 cDNA 片段，与适当载体连接后转入受体菌，扩增为 cDNA 文库，又称 c-文库。与上述基因组文库类似，由总 mRNA 制作的 cDNA 文库包含细胞全部 mRNA 信息，然后采用适当方法从 cDNA 文库中筛选出目的 cDNA，当前发现的大多数蛋白质的编码基因几乎都是采用这种方法获得的。在 cDNA 文库中，由 mRNA 反转录成 cDNA，得到相应的双链 cDNA，再进行克隆，就可以获得目的基因完整的连续编码序列，并排除了基因中可能存在的插入序列，容易在宿主细胞中表达。但 cDNA 文库的构建难度较大，且原核生物 mRNA 的 3′端不带 poly(A)而不能构建 cDNA 文库，真核生物不带多聚腺苷酸的 mRNA 也不能构建到 cDNA 文库中。

8.1.5　聚合酶链式反应

聚合酶链式反应(PCR)技术是一种对已知序列基因的体外特异扩增的方法。通过针对两个已知区域设计特定的 DNA 引物，以 DNA 为模板，以 dNTP(deoxy-ribonucleoside triphosphate)为原料，在 Taq 酶催化下，能在很短的时间里，利用特异性的引物将仅有几个拷贝的基因扩增，得到数百万倍的特异 DNA 拷贝，获得目的基因。该方法能以极其简便而快速的链式反应代替构建基因组文库、cDNA 文库中一系列的 DNA 酶切、连接、转化、筛选等烦琐的操作过程，从而大大地节省人力、物力。

8.2　DNA 分子的体外重组

DNA 分子的体外重组是指在体外的条件下，采用一定的技术将任何感兴趣的 DNA 片段连接在一起的过程。在基因克隆中，体外重组是指外源 DNA(目的基因)插入载体中，使两种 DNA 分子连接起来。DNA 连接本质是一个酶促生物化学过程，在这个过程中，各种成分及其组成的体系不同程度地影响了反应的速率和产物的形成。不同 DNA 片段连接的方法有多种可供选择。

8.2.1　黏性末端的连接

同一种内切酶或不同内切酶消化切割外源性 DNA 和载体 DNA，可以产生相同的黏性末端,同时这些黏性末端是互补的。含有匹配黏性末端的 DNA 片段在一起时,两个 DNA 片段的黏性末端单链间将形成碱基配对,仅在双链 DNA 上留下两个缺口,即游离的 3′末端羟基基团以及相邻的 5′末端磷酸基团。在 DNA 连接酶催化作用下,形成磷酸二酯键,封闭这两个缺口,连接成一个完整的 DNA 分子。由两段互补的黏性末端相互连接,连接效率较高,该法得到广泛应用。特别是对目的基因和载体都进行双酶切,产生两个不同的黏性末端,这样就能保证目的基因与载体的定向连接,有效地限制载体 DNA 分子的自我环化,降低非重组子的背景值,成为 DNA 重组连接的最佳方法。

8.2.2 平末端的连接

用化学合成法、反转录酶酶促合成法获得的 DNA 或 cDNA 片段,以及某些限制性核酸内切酶切割生成的 DNA 片段,均为平末端。利用 DNA 连接酶对平末端 DNA 片段也能进行连接,但所需底物浓度高,连接效率低。一般需要将平末端进行修饰或改造形成黏性末端后再进行连接。通常可通过下列两种方法进行修饰、改造。

1. 添加人工接头

人工接头为一段寡聚脱氧核糖核酸链,链内含有一种内切酶单切点。将人工接头连到 DNA 分子的两端后,即用该酶消化切割,生成黏性末端,然后进行重组连接。

2. 加同聚核苷酸尾巴

应用末端转移酶,在底物的 3′-OH 上加同聚核苷酸尾巴,即在载体和外源性 DNA 分子的 3′-OH 上,加上互补的足够长的同聚核苷酸,通过退火(复性)使互补的单核苷酸以氢键结合,使两个 DNA 片段连接起来,形成重组载体。

8.2.3 DNA 在凝胶内的连接

DNA 片段在凝胶内进行连接是近年来发展起来的一种快速克隆技术。其主要程序如下:将目的基因片段经琼脂糖凝胶电泳分离,再用低熔点琼脂糖凝胶挖块法回收含目的 DNA 片段的胶块,然后直接熔化胶块,与事先准备好的含有载体 DNA 片段的连接体系进行胶内连接反应。这种在凝胶内进行 DNA 分子重组的方法简便、快速,对黏性末端和平末端 DNA 都可以使用。但与常规的 DNA 连接方法相比,其连接效率较低。然而,通过提高 DNA 片段的含量及连接酶的浓度,可以得到一定程度的弥补。

8.3 DNA 重组体的导入

体外连接的重组 DNA 分子必须导入合适的受体细胞才能进行扩增、复制和表达。受体细胞又称为宿主细胞,分为原核细胞和真核细胞两类。导入的方式有多种,主要包括转化、转染、感染、显微注射、微粒轰击和电脉冲穿孔等。转化和转导主要适用于细菌一类的原核细胞和酵母这样的低等真核细胞,其他方式主要应用于高等动植物的细胞。不同的载体在不同的宿主细胞中繁殖,导入细胞的方法也不相同。

8.3.1　转化

以质粒为载体构建的重组体导入宿主细胞的过程称为转化。由于外源 DNA 的进入而使细胞的遗传特性发生改变，在分子生物学和基因工程工作中可采取一些方法处理细胞，经处理后的细胞就容易接受外界 DNA，成为感受态细胞，再与外源 DNA 接触，就能提高转化效率。例如处于对数生长早、中期的大肠杆菌细胞，经冰冷的 $CaCl_2$溶液处理后，就成为感受态细胞。将感受态细胞与重组体质粒 DNA 在冰浴中温育，并迅速由 4 ℃转入 42 ℃短时间处理，有利于细胞对 DNA 复合物的摄取，外源 DNA 分子通过吸附、转入、自稳而进入细胞，并开始进行复制和表达。

影响转化效率的因素很多，最主要的因素是要建立一个合适的载体、受体系统。在微生物领域，现有的受体系统有大肠杆菌系统、酵母系统、枯草杆菌系统等。目前在重组 DNA 技术中应用最普遍的是大肠杆菌系统。

8.3.2　转染

以噬菌体为载体构建的重组体导入宿主细胞的过程称为转染。重组的噬菌体 DNA 也可以类似质粒 DNA 的方式进入宿主菌，即宿主菌先经过 $CaCl_2$、电穿孔等处理成感受态细菌，再接受 DNA，进入感受态细菌的噬菌体 DNA 可以同样复制和繁殖。M13 噬菌体 DNA 导入大肠杆菌就常用转染的方法。最经典的是 1973 年建立的磷酸钙法，其利用的基本现象如下：DNA 以磷酸钙-DNA 共沉淀物形式出现时，培养细胞摄取 DNA 的效率会显著提高。用电脉冲穿孔法处理培养的哺乳类细胞也能提高细胞摄取 DNA 的能力，但所用外加电场的强度、电脉冲的长度等条件与处理细菌者都很不相同。近年来用人工脂质膜包裹 DNA，形成的脂质体可以通过与细胞膜融合而将 DNA 导入细胞，方法简单而有效。

8.3.3　感染

噬菌体或病毒进入宿主细胞中繁殖就是感染。用经人工改造的噬菌体活病毒作为载体，以其 DNA 与目的序列重组后，在体外用噬菌体或病毒的外壳蛋白将重组 DNA 包装成有活力的噬菌体或病毒，就能以感染的方式进入宿主细菌或细胞，使目的序列得以复制繁殖。感染的效率很高，但 DNA 包装成噬菌体或病毒的操作较麻烦。

8.3.4　电脉冲穿孔法

电脉冲穿孔法不需要预先诱导细菌的感受态，依靠短暂的高压电脉冲，促使 DNA 进入细菌。因其操作简单，受到人们的欢迎，最初用于将 DNA 导入真核细胞，现已用于大肠杆菌及其他细菌的转化。电脉冲穿孔转化细菌时，电压高，脉冲时间长，有利于提高转化率，但会导致细胞死亡率增高。一般使用的电击条件在导致细胞死亡率为 50%～75%时，转化率能高达每微克闭环 DNA 10^9～10^{10}个转化子，远高于冷氯化钙法的转化率(每微克闭环 DNA 10^5～10^8个转化子)，但电脉冲穿孔转化需要特制的设备。

8.4 受体细胞的筛选

目的序列与载体 DNA 正确连接的效率,重组子导入细胞的效率都不能达到百分之百,因而最后生长繁殖出来的细胞并不都带有目的序列。一般一个载体只携带某一段外源 DNA,一个细胞只接受一个重组 DNA 分子,最后培养出来的细胞群中只有一部分,甚至只有很小一部分是含有目的序列的重组子。将目的重组子筛选出来就等于获得了目的序列的克隆。DNA 重组中常用的筛选与鉴定的方法可分为两大类。一类是利用宿主细胞遗传学表型的改变直接进行筛选,筛选的遗传表型有抗药性、营养缺陷型、显色反应、噬菌斑形成能力等。此法简便快速,可以在大量群体中进行筛选。另一类是分析重组子的结构特征进行鉴定。根据目的基因的大小、核苷酸序列、基因表达产物的分子生物学特性来进行鉴定。

8.4.1 根据重组载体的标志筛选

重组子转化宿主细菌后,载体上的一些筛选标志基因的表达,会导致细菌的某些表型改变,可以直接筛选出含有重组子的菌落。最常见的载体携带的标志是抗药性标志,如抗氨苄青霉素、抗四环素、抗卡那霉素等。当培养基中含有抗生素时,只有携带相应抗药性基因载体的细胞才能生存繁殖,这就把未接受载体 DNA 的细胞全部筛除掉了。例如载体具有氨苄青霉素抗性基因,若转化后的细胞能在含氨苄青霉素的培养基中生长,说明载体 DNA 被导入受体细胞中并且能够扩增繁殖,但这种筛选并不能说明目的基因一定连接到了载体上。通过抗药基因的失活筛选可以证明外源基因插入与否,采用 pBR322 质粒作为载体,将目的基因插入氨苄青霉素抗性基因,如果转化后的细胞失去了抵抗氨苄青霉素的特性,说明目的基因已成功插入载体。

根据重组载体的标志来筛选,可以筛选去大量的非目的重组子,但还只是粗筛。例如细菌可能发生变异而引起抗药性的改变,却并不代表目的序列的插入,所以需要做进一步的筛选。

8.4.2 核酸杂交法筛选

利用标记的核酸做探针与转化细胞的 DNA 进行分子杂交,可以直接筛选和鉴定目的序列克隆。常用的方法是将转化后生长的菌落复印到硝酸纤维素膜上,用碱裂解菌落,菌落释放的 DNA 吸附在膜上,再与标记的核酸探针进行温育杂交,核酸探针结合在含有目的序列的菌落 DNA 上而不被洗脱。核酸探针可以用放射性核素标记,结合了放射性核酸探针的菌落可用放射自显影法指示出来。核酸探针也可以用非放射性物质标记,通常是经颜色呈现指示位置,这样就可以将含有目的序列的菌落筛选出来。

8.4.3 PCR 法筛选

PCR 技术是一种对已知序列基因的体外特异扩增的方法。该方法的出现给克隆的筛选增加了一个新手段。如果已知目的序列的长度和两端的序列,则可以设计合成一对引物,以转化细胞所得的 DNA 为模板进行扩增,若能得到预期长度的 PCR 产物,则该转化细胞就可能含有目的序列。

8.4.4　免疫学方法筛选

此法不是直接筛选目的基因，而是利用特定抗体与目的基因表达产物特异性结合的作用进行筛选，因此实验设计时要使目的基因进入受体细胞后能够表达出其编码产物。抗体可用特定的酶(如过氧化物酶、碱性磷酸酶等)作为标记，酶可催化特定的底物分解而呈现颜色，从而指示出含有目的基因的细胞菌落位置。免疫学方法特异性强、灵敏度高，适用于从大量转化细胞集合体中筛选很少几个含目的基因的细胞克隆。

8.4.5　DNA 限制性核酸内切酶酶切图谱筛选

目的序列插入载体会使载体 DNA 限制性核酸内切酶酶切图谱发生变化。提取转化细菌的质粒 DNA，用特定的限制性核酸内切酶切割，若目的基因被成功地插入载体分子，可以通过目的基因两端的酶切位点将目的基因切割下来，电泳后观察其酶切图谱，检测插入的目的基因以及载体片段的大小是否正确，来判断是否有外源基因插入。如插入的目的序列中有其他限制性核酸内切酶位点，也能在酶切电泳图谱上观察到。这就可以进一步鉴定重组子是不是所要的目的克隆。

8.4.6　核苷酸序列测定筛选

所得到的目的序列或基因的克隆，都要用其核酸序列测定来最后鉴定。已知序列的核酸克隆要经序列测定确证所获得的克隆准确无误；未知序列的核酸克隆要测定序列才能确知其结构，推测其功能，用于进一步的研究。

8.5　基因表达

目的基因在成功导入受体细胞后，它所携带的遗传信息必须通过合成新的蛋白质才能表现出来，从而改变受体细胞的遗传性状。使目的基因在细胞中表达对理论的研究和实际的应用都有十分重要的意义。只有将目的基因进行表达，我们才能探索和研究基因的功能以及基因表达调控的机理。要使目的基因在宿主细胞中表达，就要将它放入带有基因表达所需要的各种元件的表达载体中。对不同的表达系统，需要构建不同的表达载体。目的基因在不同的系统中表达成功的把握性，取决于我们对这些系统中基因表达调控规律的认识程度。

目前，大肠杆菌是应用最广泛的蛋白质表达系统。大肠杆菌培养操作简单、生长繁殖快、价格低，大肠杆菌表达外源基因产物的水平远高于其他基因表达系统，表达的目的蛋白质甚至能超过细菌总蛋白质的 80%。设计外源基因在大肠杆菌表达就需要外源基因在大肠杆菌中表达所需要的元件，包括：转录起始必需的启动子和翻译起始所必需的核糖体识别序列；诱导性表达所需要的操纵子序列以及与之配套的调控基因；适合外源基因插入的多克隆位点。此外，还应具备基因克隆筛选的条件、筛选标志如抗药性基因等。但大肠杆菌表达系统并不适用于真核基因表达。原核基因表达系统会表现出许多缺陷：首先，没有真核转录后加工的功能，不能进行 mRNA 的剪接，所以只能表达 cDNA 而不能表达真核基因组的基因；其次，没有真核翻译后加工的功能，表达所产生的蛋白质不能进行糖基化、磷酸化等修饰，因而产生的蛋白质常没有足够的生物学活性;最后,表达的蛋白质经常是不溶的,会在细菌内聚集成包含体。

真核生物的基因表达,常用的有酵母、昆虫、哺乳动物细胞等表达系统。真核表达载体至少要含两类序列:其一是原核质粒的序列,包括在大肠杆菌中起作用的复制起始序列,能用在细菌中筛选克隆的抗药性基因标志等,以便插入真核基因后能先在很方便操作的大肠杆菌系统中筛选获得目的重组 DNA 克隆,并复制繁殖得到足够使用的数量。其二是在真核宿主细胞中表达重组基因所需要的元件,包括启动子、增强子、转录终止和加多聚腺苷酸信号序列、mRNA 剪接信号序列、能在宿主细胞中复制或增殖的序列,能用在宿主细胞中筛选的标志基因,以及供外源基因插入的单一限制性核酸内切酶识别位点等。

实验 6　DNA 片段的黏性末端连接法

一、实验目的与内容

在连接酶的作用下,将具有黏性末端的 DNA 片段与载体连接成为一个重组 DNA 分子。通过该实验,了解 DNA 片段连接的原理,掌握 DNA 片段黏性末端的连接方法。

二、实验原理

DNA 分子的体外连接就是在一定条件下,由 DNA 连接酶催化两个双链 DNA 片段相邻的 5′端磷酸与 3′端羟基之间形成磷酸二酯键的生物化学过程,其本质是一个酶促的生化反应过程。在这个过程中,各种成分及其组成体系不同程度地影响反应的速率和产物的生成。DNA 片段的不同末端,其连接反应不一样,反应条件不同,反应速率也有差异。目的 DNA 片段被某一限制性核酸内切酶或能产生相同黏性末端的两个内切酶消化后,其末端为黏性末端,有两种形式:5′-突出的黏性末端,3′-突出的黏性末端。带有黏性末端的目的 DNA 片段必须克隆到具有匹配末端的线状质粒载体中,因此需要在 DNA 连接酶的作用下,进行目的片段与载体 DNA 的体外连接反应,也就是双链 DNA 的 5′端磷酸与相邻的 3′端羟基之间形成磷酸二酯键,成为一个新的重组 DNA 分子。

三、实验仪器、材料和试剂

1. 仪器

微量移液器(2.5 μL、10 μL、100 μL、1000 μL)、水浴锅、电子天平、高速冷冻离心机、离心管(1.5 mL)、高压灭菌锅、制冰机、冰箱等。

2. 材料

外源 DNA 片段。

3. 试剂

线性化载体、T4 DNA 连接酶、连接酶缓冲液、无菌双蒸水、碱性磷酸酶(CIP)、0.5 mol/L EDTA 溶液(pH8.0)、乙醇、TE 缓冲液、限制性核酸内切酶、碱性磷酸酶缓冲液、苯酚、氯仿等。

四、实验步骤和方法

(1) 制备目的基因片段和载体 DNA。

① 用适当的限制性核酸内切酶消化载体和外源 DNA，获得带黏性末端的 DNA 片段。如有必要，可用碱性磷酸酶处理载体 DNA，通过苯酚、氯仿抽提和乙醇沉淀来纯化 DNA。

② 载体去磷酸化反应。

a. 建立下列去磷酸化的反应体系：线性化载体(已酶切)10 μL；10×碱性磷酸酶(CIP)缓冲液 2 μL(与酶配套)；碱性磷酸酶 0.5 μL；无菌双蒸水 7.5 μL。

b. 37 ℃水浴 15 min 后，再加碱性磷酸酶 0.5 μL，于 55 ℃水浴 45 min；灭活碱性磷酸酶，将 2 μL(1/10 反应物体积)的 0.5 mol/L EDTA 溶液(pH8.0)加入 1.5 mL 离心管中，65 ℃灭活 1 h(或于 75 ℃加热 10 min)。苯酚、氯仿各抽提 1 次，乙醇沉淀，回收纯化的去磷酸化 DNA。然后用 10 μL TE 缓冲液重新溶解沉淀的 DNA。(★去磷酸化反应主要是避免载体自连。)

(2) 连接反应。

在 1.5 mL 离心管中建立连接反应体系：线性化的目的 DNA 0.4 μg；载体 DNA 0.1 μg；10×连接酶缓冲液 2 μL(与酶配套)；T4 DNA 连接酶 1 μL；加无菌双蒸水至 20 μL。

(3) 盖紧盖子，用手指轻弹离心管，混匀样品，在离心机上瞬时离心 2 s，使样品集中在管底。

(4) 16 ℃水浴 12～16 h。(★对于黏性末端的连接，一般在 12～16 ℃进行反应，以保证黏性末端退火及酶活性的发挥。)

(5) 连接反应完成后，即可以用于下一步的转化。

五、作业与思考题

1. 作业

载体和外源 DNA 连接时，载体会发生自连现象，了解降低载体自连的方法、手段。

2. 思考题

(1) DNA 连接时外源 DNA 片段与载体 DNA 的用量对连接效率有影响吗？二者量的比率在什么范围内能够得到较好的连接结果？

(2) 外源 DNA 片段的大小影响连接效率吗？

(3) 在黏性末端连接反应中，为何选用 12～16 ℃的连接温度？

实验 7　DNA 片段的黏-平端连接法

一、实验目的与内容

在连接酶的作用下，将具有非互补黏性末端的 DNA 片段与载体连接成为一个重组 DNA 分子。通过本实验，了解 DNA 片段连接的原理，掌握 DNA 片段黏-平端连接法。

二、实验原理

DNA分子的体外连接就是在一定条件下，由DNA连接酶催化两个双链DNA片段相邻的5′端磷酸与3′端羟基之间形成磷酸二酯键的生物化学过程，其本质是一个酶促的生化反应过程。在这个过程中各种成分及其组成体系不同程度地影响反应的速率和产物的生成。

DNA片段的不同末端，其连接反应不一样，反应条件不同，反应速率也有差异。一般来说，黏性末端连接反应条件简单，效率也较高，而平末端则困难一些，所以DNA重组策略是尽可能采用黏性末端连接。但很多时候目的基因和载体DNA没有互补的黏性末端，不能采用黏性末端连接，或者是条件所限不得不采用平末端连接。黏-平端连接便是重组DNA中经常碰到的。

三、实验仪器、材料和试剂

1. 仪器

微量移液器(2.5 μL、10 μL、100 μL、1000 μL)、水浴锅、恒温冷冻循环槽、电子天平、高速冷冻离心机、1.5 mL离心管、高压灭菌锅、制冰机、冰箱等。

2. 材料

外源DNA片段。

3. 试剂

载体、T4 DNA连接酶、连接酶缓冲液、无菌双蒸水、碱性磷酸酶(CIP)、EDTA溶液、乙醇、TE缓冲液、限制性核酸内切酶、限制性核酸内切酶缓冲液、碱性磷酸酶缓冲液、苯酚、氯仿、Klenow大片段、Klenow缓冲液、dNTP等。

四、实验步骤和方法

(1) 制备目的基因片段和线状载体，可使用碱性磷酸酶(CIP)与载体反应，抑制其自身连接和环化，具体操作参见实验6。

(2) 第一次连接，T4 DNA连接酶连接匹配的黏性末端。

① 在1.5 mL离心管中建立连接反应体系：取0.1 μg载体、0.4 μg目的基因(物质的量比大约为1∶3)、1 μL T4 DNA连接酶、2 μL 10×连接酶缓冲液，加无菌双蒸水至20 μL。(**★连接时外源基因量要大些，载体的量要少些，这样碰撞的概率就大了。**)

② 将离心管盖紧，用手指轻弹离心管，混匀样品，在离心机上瞬时离心2 s，使样品集中在管底。

③ 置于恒温冷冻循环槽中16 ℃，反应12 h。(**★由于基因片段和载体各有一匹配末端，先用T4 DNA连接酶作用12 h，而另一端不匹配，则无法连接。此时已形成载体连接有目的基因的开环结构。**)

(3) 按Klenow补平反应方法，将带有目的基因和载体两端的黏性末端补平。

在1.5 mL离心管中建立连接反应体系：连接有目的基因的线状载体0.5 μg；10×Klenow缓冲液2 μL；Klenow大片段1 μL；2 mmoL/L dNTP 2 μL；加无菌双蒸水至总体积为20 μL。室温下放置2 h后，用苯酚、氯仿抽提，乙醇沉淀，溶于10 μL TE缓冲液中。

(4) 第二次连接。

① 在 1.5 mL 离心管中建立连接反应体系：TE 缓冲液 0.5 μL；1 μL T4 DNA 连接酶；2 μL 10×连接酶缓冲液；加无菌双蒸水至总体积为 20 μL。

② 将离心管盖紧，用手指轻弹离心管，混匀样品，在离心机上瞬时离心 2 s，使样品集中在管底。

③ 置于恒温冷冻循环槽中，16 ℃反应 16～20 h。

(5) 连接反应完成后，即可以用于下一步的转化。

五、作业与思考题

1. 作业

将连接反应前后的混合物电泳，观察出现的电泳图谱。

2. 思考题

(1) DNA 片段经限制性核酸内切酶消化后，是否需要对酶切产物进行纯化？为什么？

(2) DNA 片段的黏-平端连接反应中，为何采用两步连接法？

实验 8　重组子的筛选与鉴定

一、实验目的与内容

熟悉重组子质粒的筛选与鉴定的原理，采用菌液 PCR 法筛选重组子，并采用酶切法进行鉴定。

二、实验原理

1. 菌液 PCR 原理

采用通用引物(或外源基因特异性引物)，直接挑取菌落作为模板进行 PCR，在 PCR 预变性 95 ℃加热过程中菌落细胞破裂，释放出基因组 DNA 和质粒。在 PCR 循环时，真正 PCR 的模板是质粒。PCR 结束后，将产物进行电泳检测，根据电泳结果确定是否为重组子。

(1) 如采用通用引物进行 PCR，PCR 产物约为 100 bp 时，则为空载质粒；PCR 产物为 100 bp 左右加外源基因片段时，则为重组子。

(2) 如采用外源基因特异性引物进行 PCR，无 PCR 产物时，则为空载质粒；PCR 产物大于外源基因片段大小时，则为重组子。

2. 质粒酶切鉴定原理

对于初步筛选具有重组子的菌落，提纯重组质粒或重组噬菌体 DNA，用相应的限制性核酸内切酶(一种或两种)切割重组子释放出的插入片断，然后用凝胶电泳检测插入片断和载体的大小。如有插入片段，则为重组子。

三、实验仪器、材料和试剂

1. 仪器

微量移液器、离心管(1.5 mL)、PCR 管(0.2 mL)、离心管架、旋涡混合器、干式恒温气浴装置(或恒温水浴锅)、制冰机、恒温摇床、超净工作台、酒精灯、摇菌管、电泳仪、电泳槽、凝胶成像系统、电子天平、微波炉。(★器皿和耗材须经无菌处理。)

2. 材料

转化后的菌液。

3. 试剂

Taq DNA 聚合酶、Taq DNA 聚合酶缓冲液、dNTP、无菌双蒸水、上下游引物、质粒提取试剂盒、限制性核酸内切酶、限制性核酸内切酶缓冲液、琼脂糖、TBE 缓冲液、琼脂糖上样缓冲液、核酸染料、DNA Marker 等。

四、实验步骤和方法

1. 菌液 PCR

(1) 用无菌牙签轻轻粘一下选中的白色菌落，将无菌牙签伸入 10 μL 无菌双蒸水中冲洗，吸取 1 μL 加入 PCR 体系中，作为 PCR 的模板。

PCR 体系：

无菌双蒸水	14.9 μL
10×Taq DNA 聚合酶缓冲液(含 Mg^{2+} 15 mmol/L)	2.0 μL
dNTP(10 mmol/L)	0.6 μL
上游引物(10 μmol/L)	0.5 μL
下游引物(10 μmol/L)	0.5 μL
菌液	1.0 μL
Taq DNA 聚合酶	0.5 μL
总体积	20 μL

PCR 条件见图 8-1。其中 T_m 根据引物确定。

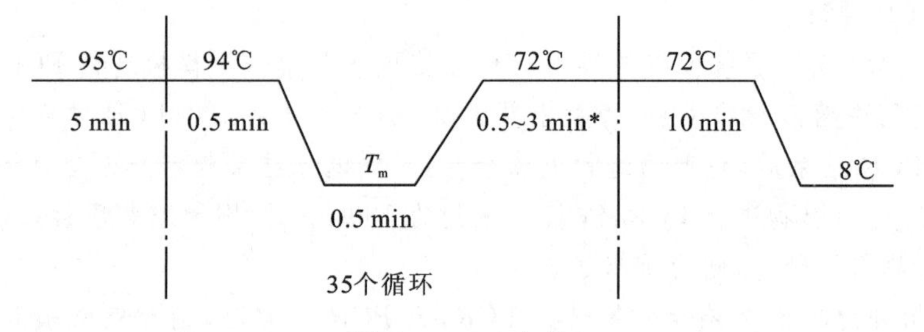

图 8-1　PCR 条件

*按照 60 s/kb 的速度计算时间。

(2) 取 3 μL PCR 产物，加 1.0 μL 6×琼脂糖上样缓冲液，经 1.5%琼脂糖凝胶(核酸染料含量为 8 μL /mL)，5 V/cm 电压电泳 1 h，通过凝胶成像仪，借助核酸染料，参照 DNA Marker 的相对分子质量大小，观察电泳结果，拍照并分析。

2. 质粒酶切鉴定

(1) 采用质粒提取试剂盒，提取质粒。

(2) 根据载体选用合适限制性核酸内切酶，按下面的反应体系进行双酶切，37 ℃反应 3 h。

无菌双蒸水	5.0 μL
10×内切酶缓冲液	1.0 μL
质粒	3.0 μL
内切酶(10 U/μL)	1.0 μL
总体积	10.0 μL

(3) 酶切产物全部上样，进行琼脂糖凝胶电泳，拍照，然后分析。

五、作业与思考题

1. 作业

试述采用菌液PCR法筛选阳性克隆的优点和缺点。

2. 思考题

(1) 确认阳性克隆的方法有哪些？

(2) 酶切法与菌液PCR法筛选阳性克隆，哪个方案更可靠？为什么？

第9章 聚合酶链式反应技术

聚合酶链式反应技术，即 PCR(polymerase chain reaction)技术，是 1983 年美国 PE-Cetus 公司人类遗传研究室的 K. B. Mullis 发明的一种体外核酸扩增技术。它具有特异性强、敏感、产率高、快速、简便、重复性好、易自动化等突出优点；能在一支试管内将所要研究的目的基因或某一 DNA 片段于数小时内扩增至十万乃至百万倍，使肉眼能直接观察和判断；可从一根毛发、一滴血，甚至一个细胞中扩增出足量的 DNA 供分析研究和检测鉴定。以前用其他技术需几天至几周才能做到的事情，用 PCR 技术几小时便可完成。PCR 技术是生物医学领域中的一项革命性创举和里程碑。

9.1 常规 PCR 技术的原理及操作

9.1.1 常规 PCR 技术的基本原理

1. PCR 的原理

PCR 的原理(图 9-1)类似于 DNA 的变性和复制过程，即双链 DNA 分子在临近沸点(94 ℃左右)下加热时便会分离成两条单链 DNA 分子(变性)，两引物分别与两条 DNA 的两侧序列特异复性(退火)，在适宜的条件下，DNA 聚合酶以单链 DNA 为模板，利用反应混合物中的 4 种脱氧核苷三磷酸，在引物的引导下，按 5′→3′方向复制互补 DNA，即引物的延伸。这样，每一条双链 DNA 模板，经过一次变性—退火—延伸后，就成了两条双链 DNA 分子。如此反复进行，每一次循环所产生的 DNA 均能成为下一次循环的模板，每一次循环都使两条人工合成的引物间的 DNA 特异区拷贝数扩增一倍，PCR 产物以 2^n 的形式迅速扩增，经过 25～30 次循环后，理论上可使基因扩增 10^9 倍以上，实际上一般可达 10^6～10^7 倍。

2. PCR 技术的特点

PCR 技术的最大特点是其扩增产物的特异性、扩增效率的灵敏性、扩增程序的简便性。引物序列及其与模板结合的特异性是决定 PCR 结果的关键。通过人工合成的特异性引物和 Taq DNA 聚合酶，从模板 DNA 中扩增出所需的 DNA 片段。

3. PCR 的基本步骤

PCR 由变性、退火、延伸三个基本反应步骤构成。

(1) 模板 DNA 的变性：模板 DNA 经加热至 94 ℃左右一定时间后，模板双链 DNA 或经 PCR 扩增形成的双链 DNA 解离成为单链，以便与引物结合，为下一轮反应做准备。

（2）模板 DNA 与引物的退火（复性）：模板 DNA 经加热变性成单链后，温度降至 55 ℃左右，引物与模板 DNA 单链的互补序列配对结合。

（3）引物的延伸：DNA 模板-引物结合物在 Taq DNA 聚合酶的作用下，以 dNTP 为反应原料，靶序列为模板，按碱基互补配对与半保留复制原则，合成一条新的与模板 DNA 链互补的半保留复制链，经变性—退火—延伸过程，重复 30 次循环后，就可获得更多的半保留复制链，而且这种新链又可成为下次循环的模板。每完成一次循环需 2～4 min，2～3 h 就能将待扩目的基因扩增几百万倍。到达平台期（plateau）所需循环次数取决于样品中模板的拷贝数。

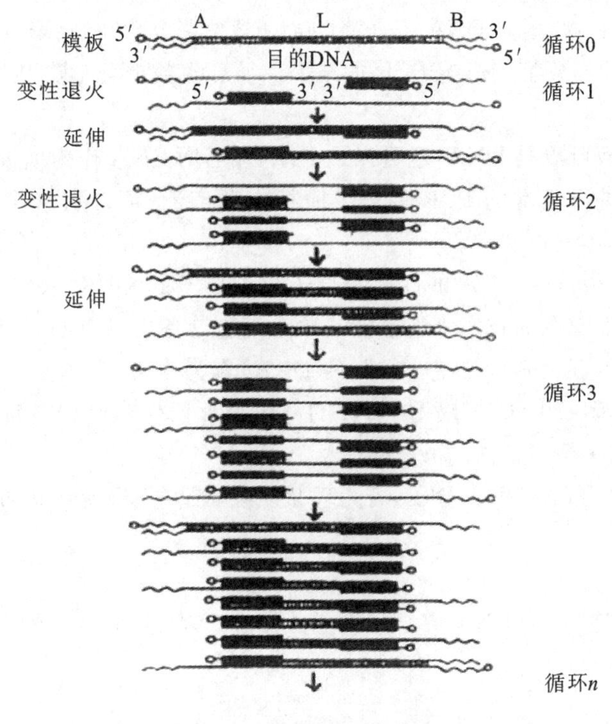

图 9-1　PCR 原理示意图

4. PCR 的反应动力学

PCR 的三个反应步骤反复进行，使 DNA 扩增量呈指数形式上升。反应最终的 DNA 扩增量可用 $Y=(1+X)^n$ 计算，其中 Y 代表 DNA 片段扩增后的拷贝数，X 代表 Y 次平均的扩增效率，n 代表循环次数。平均扩增效率的理论值为 100%，但在实际反应中平均效率达不到理论值。反应初期，靶序列 DNA 片段的增加呈指数形式，随着 PCR 产物的逐渐积累，被扩增的 DNA 片段不再呈指数形式增加，而进入相对稳定状态，即出现停滞效应，又称为平台期效应。在大多数情况下，平台期的到来是不可避免的。

5. PCR 产物

PCR 产物可分为长产物片段和短产物片段两部分。短产物片段的长度严格地限定在两个引物链 5′端之间，是需要扩增的特定片段。短产物片段和长产物片段是由于引物所结合的模板不一样而形成的。以一个原始模板为例，在第一个反应周期中，以两条互补的 DNA 为模板，引物是从 3′端开始延伸，其 5′端是固定的，3′端则没有固定的止点，长短不一，这就是长产物片段。进入第二个反应周期后，引物除与原始模板结合外，还要同新合成的链（即长产物片段）结合。引物在与新链结合时，由于新链模板的 5′端序列是固定的，这就等于这次延伸的片段3′端被固定了止点,保证了新片段的起点和止点都限定于引物扩增序列以内,形成长短一致的短产物片段。不难看出短产物片段是按指数形式增加,而长产物片段则以线性增加,几乎可以忽略不计,这使得PCR的反应产物不需要再纯化,就能保证足够纯的DNA片段供分析与检测使用。

9.1.2 标准的PCR体系

利用Taq DNA聚合酶的标准PCR体系包括模板、反应缓冲液(10×PCR缓冲液)、脱氧核苷三磷酸(dNTP)底物、耐热DNA聚合酶(Taq DNA聚合酶)和寡聚核苷酸引物(Primer 1、Primer 2)五部分。各部分都能影响PCR的结果。循环次数也会影响PCR结果。

1. 模板

用于PCR的模板可以是DNA,也可以是RNA。当用RNA作为模板时,首先要进行反转录生成cDNA,然后进行正常的PCR循环。模板来源广泛,可以从培养细胞、细菌、病毒、组织、病理标本、考古标本等中提取。

PCR时DNA模板量由DNA的性质和分子标记技术的灵敏性决定,单、双链DNA均可作为PCR的模板。以现在的技术水平已能从单个细胞制备出相应的cDNA文库。虽然PCR可以用极微量的样品(甚至是来自单一细胞的DNA)作为模板,但为了保证反应的特异性,一般还用μg级水平的基因组DNA或10^4拷贝的待扩增片段作为起始材料。DNA模板含量合适,可以减少PCR多次循环带来的碱基错配。

通常模板DNA用线状DNA分子,若为环状质粒,最好先用酶将其切开成线状分子,因为环状DNA复性太快。

2. 反应缓冲液

PCR缓冲液一般随Taq DNA聚合酶供应。标准PCR缓冲液一般制成10×PCR缓冲液(pH 8.3),包括:

500 mmol/L	KCl
100 mmol/L	Tris-HCl
15 mmol/L	$MgCl_2$
0.01%	白明胶或Triton X-100

标准PCR缓冲液中Mg^{2+}的浓度能影响Taq DNA聚合酶的活性,对反应的特异性和扩增DNA的产量有着显著影响。Mg^{2+}浓度过高,使反应特异性降低;Mg^{2+}浓度过低,使产物减少。在各种单核苷酸浓度为200 μmol/L时,Mg^{2+}浓度为1.5 mmol/L较合适。一般dNTP的磷酸基团以及引物、模板中带来的EDTA等螯合剂都要结合Mg^{2+},而Taq DNA聚合酶需要的是游离的Mg^{2+},因此要将Mg^{2+}的浓度调至最佳。据经验,一般以1.5～2 mmol/L(终浓度)较好。一些商品化的PCR产品中,将Mg^{2+}和10×PCR缓冲液分开,实验者要根据自己的材料分别添加,可预先设计Mg^{2+}梯度系列浓度,从而确定最佳的浓度。

3. dNTP

PCR中dNTP的终浓度一般为50～400 μmol/L。高浓度dNTP易产生错误掺入,浓度过高则可能不扩增;浓度过低,将降低反应产物的产量。四种dNTP的浓度应相同,如果其中任何一种的浓度明显不同于其他几种(偏高或偏低),就会诱发聚合酶的错误掺入,降低合成速率,过早终止延伸反应。此外,dNTP能与Mg^{2+}结合,使游离的Mg^{2+}浓度降低。因此,dNTP

的浓度直接影响到反应中起重要作用的 Mg^{2+} 浓度。

4. Taq DNA 聚合酶

Taq DNA 聚合酶是从一种嗜热水生菌(*Thermus aquaticus*)中提取的耐热 DNA 聚合酶。Taq DNA 聚合酶于 97.5 ℃可保持活力 9 min,95 ℃ 时为 35 min,故 PCR 中变性温度不宜高于 95 ℃。Taq DNA 聚合酶最适的活性温度是 72 ℃,连续保温 30 min 仍具有相当的活性,而且在比较宽的温度范围内保持着催化 DNA 合成的能力。因此,一次加酶可满足 PCR 全过程的需要,避免了以前烦琐的操作,使 PCR 操作走向自动化。纯化的 Taq DNA 聚合酶在体外无 3′-5′外切酶活性,因而无校正阅读功能,在扩增过程可引起错配。错配碱基的数量受温度、Mg^{2+} 浓度和循环次数的影响。

Taq DNA 聚合酶具有类似于末端转移酶的 TdT 活性,可在新生成的双链产物的 3′端加上一个碱基,尤其是 dATP 最容易加上。因此,欲将 PCR 产物克隆到载体上,可以用两种处理办法:一是构建 dT-载体;二是用 Klenow 酶将 3′端的 A 去掉,即在 PCR 后,先在 99 ℃加热 10 min 灭活 Taq DNA 聚合酶,调整 Mg^{2+} 浓度至 5～10 mmol/L,加入 1～2 U Klenow 片段,室温下作用 15～20 min,3′端的 A 即被切去,Taq DNA 聚合酶还具有反转录活性。在 2～3 mmol/L Mg^{2+} 浓度下 68 ℃时出现类似反转录酶的活性。若有 Mg^{2+} 存在,则反转录活性更佳。利用这一活性,可直接用于 RNA-PCR,尤其是短片段的扩增。

以往用 Taq DNA 聚合酶进行 PCR 扩增,一般只能扩增 400 bp 以下的 DNA 片段,经过对酶的结构与功能的改造,以及 PCR 方法学的改进,现已能扩增 20 kb 以上的 DNA 分子。

Taq DNA 聚合酶在 PCR 中的加入量也很重要,太少扩增不完全,太多则不仅造成浪费,而且导致非特异性扩增。在 100 μL 反应体系中,一般加入 2～4 U 的酶量,足以达到每分钟延伸 1000～4000 个核苷酸的掺入速率。酶量过多将产生非特异性产物。但是,不同的公司或同一公司不同批次的产品常有很大的差异,由于酶的浓度对 PCR 影响极大,因此,应当做预实验或使用厂家推荐的浓度。当降低反应体积时(如 20 μL 或 50 μL),一般酶的用量仍不小于 2 U,否则反应效率将降低。

5. 引物

引物是决定 PCR 结果的关键,引物设计在 PCR 中极为重要(在 9.2 节中详细阐述)。

6. 循环次数

循环次数主要取决于最初靶分子的浓度,一般循环数为 20～30 次,循环次数过多,会增加非特异性产物量及碱基错配数,而且多次循环后酶活性降低,并不能使扩增产物增加,而且浓度增高后变性不完全而影响引物延伸。

9.1.3　PCR 的操作

1. 标准的 PCR 体系配方

10×PCR 缓冲液	10 μL
4 种 dNTP 的混合物	各 200 μmol/L
引物	各 10～100 pmol
模板 DNA	0.1～2 μg
Taq DNA 聚合酶	2.5 U
Mg^{2+}	1.5 mmol/L
加双蒸水至	100 μL

(★现在一般使用 20 μL 体系,对于 G+C 含量高的模板的扩增,缓冲液中还应加入 DMSO 或者其他特殊成分。)

2. PCR 注意事项

(1) 试剂湿热灭菌,小管分装,防止污染。

(2) 所用的 PCR 扩增管、微量移液器的吸头都要经过高温高压灭菌。

(3) 混合试剂时要在超净工作台中进行,并戴上一次性手套,防止污染;要短时离心混匀。

(4) 每次反应都要设置阴性和阳性对照。

(5) 根据引物的熔解温度设定退火温度,防止出现非特异性扩增产物。

9.2 引物设计原则及合成

所谓 PCR 扩增引物,是指与待扩增的靶 DNA 区段两端序列互补的人工合成的寡核苷酸短片段,其长度通常为 15～30 bp。它包括上游引物和下游引物两种。上游引物是 5′端与正义链互补的寡核苷酸,用于扩增编码链或 mRNA 链;下游引物是 3′端与反义链互补的寡核苷酸,用于扩增 DNA 模板链或反密码子链。引物的设计在整个 PCR 中占有十分重要的地位。对于 PCR 的特异性,引物与模板的正确结合是关键。要保证 PCR 能准确、特异、有效地对模板 DNA 进行扩增,一个关键条件在于引物的正确设计。

通常引物设计要遵循以下原则:

(1) 引物的长度以 15～30 bp 为宜,过长或过短都可使 PCR 的特异性下降。

(2) 引物的碱基应尽可能地随机分布,尽量避免几个嘌呤和嘧啶连续出现。

(3) G+C 的含量也很关键,一般 G+C 的含量在 45%～55%,一对引物的 G+C 的含量和引物的 T_m 值应该协调,T_m 值是寡核苷酸的熔解温度,即在一定的盐浓度下,变性温度达到极大值一半时的温度。根据公式 $T_m=4(G+C)+2(A+T)$ 可初步估算出引物的 T_m 值。而且两条引物的熔解温度 T_m 值尽量不要相差很大,两条引物 T_m 值相差越小,PCR 成功的可能性越大,因此,设计引物时应尽可能让两条引物 T_m 值一致。

(4) 引物的 3′端不应与引物内部有互补,避免引物内部形成二级结构,两个引物在 3′端不应出现同源性,以免形成引物二聚体。常利用引物设计软件(如“Primer 5”等)辅助设计引物。

(5) 引物 3′端的碱基,特别是最末及倒数第二个碱基,应严格配对,以避免因末端碱基不配对而导致 PCR 失败。

(6) 人工合成的寡聚核苷酸引物须经 PAGE 或离子交换 HPLC 进行纯化。

(7) 引物浓度一般为 0.1～0.5 μmol/L,浓度过高会引起模板与引物的错配,PCR 的特异性下降,同时也容易形成引物二聚体。

(8) 设计引物时在 5′端可以修饰,包括加酶切位点,用生物素、荧光物质、地高辛等标记,引入突变位点,引入启动子序列,引入蛋白质结合 DNA 序列等,以方便后续实验的操作,引物的设计最好以计算机软件进行指导。

对于整个 PCR 扩增体系,引物设计的正确与否是关系到 PCR 扩增成败的关键因素。对于一些较特殊的 PCR,如巢式 PCR、反转录-PCR(RT-PCR)等,或者扩增目的片段的长度不同时,对于引物的要求不同。巢式 PCR 由于一次扩增不能获得特异性条带,还需要在第一次 PCR 产物内侧设计引物 3 和引物 4,再进行 PCR。RT-PCR 需要 cDNA 引物,可分为随机寡核苷酸引物和oligo(dT)引物等。在一些难以产生扩增特异片段的PCR或扩增片段是由相应氨基酸反推而来时,还要使用简并引物,实际上是一类由多种寡核苷酸组成的混合物,彼此之间仅有一个或数个核苷酸的差异。引物设计原则仅仅是在进行PCR扩增时设计引物的一个参考依据,有时使用引物设计软件难以选出一对完全符合原则的引物,这时也可以选择符合要求最多的几条引物进行扩增。引物设计的好与坏,还需根据实际的PCR扩增结果而定。

9.3 PCR产物的纯化与鉴定

9.3.1 PCR产物的纯化

PCR产物一般含有过量的引物、dNTP、Mg^{2+}及Taq DNA聚合酶等,这些成分的存在会直接影响PCR产物后续的酶切、克隆、探针制备及序列测定等。因此,PCR扩增结束后,必须首先对PCR产物进行回收、纯化,消除这些残留物质的影响。目前用于PCR产物纯化的方法很多,最常用的是酚抽提的冻融法和试剂盒法。

1. 冻融法

冻融法的原理在于依靠低温冻融破坏琼脂糖凝胶的结构,进而把DNA从凝胶中释放出来。Tris-饱和酚中的酚是较强的蛋白质变性剂,可以使细胞或组织中的蛋白质变性析出。Tris则可以防治酚类物质氧化形成醌类物质,醌含有强自由基,会破坏核酸结构。用酚、氯仿进行DNA的纯化时,酚的作用在于使蛋白质变性,同时抑制DNase的降解作用,氯仿则可以加速有机相与液相的分层。最后用无水乙醇沉淀DNA。

水分子是极性分子,酚与氯仿分子是弱极性或非极性分子,当加入酚、氯仿时,蛋白质分子间的水被酚或氯仿替代,蛋白质因失水而变性。由于变性的蛋白质的密度大于水的密度,经高速离心后,变性的蛋白质沉淀在水相下面,从而与溶解在水相中的DNA分开。有机溶剂酚与氯仿的密度更大,离心后位于最下层。因此,离心后DNA存在于最上层的水相中,可以小心吸取上清液转移DNA。酚与氯仿在DNA纯化过程中都可以去除蛋白质,酚的变性作用强,但与水有10%~15%的互溶,会损失这部分水相中的DNA,氯仿使蛋白质变性的效果不如酚,但氯仿与水不互溶,会减少DNA的损失。因此,DNA纯化时可以将酚与氯仿混合后使用。

2. 试剂盒法

利用试剂盒法回收纯化PCR产物的主要原理是核酸在裂解液下与硅胶膜特异性结合,在洗脱液作用下可以被洗脱。纯化PCR产物时,首先是要加入裂解液,50~60 ℃溶胶,然后把溶液加入吸附柱中,再用漂洗液漂洗,最后洗脱。商品胶回收试剂盒中都有详细的说明书,可以参照说明书操作。

3. 提高PCR产物纯度、回收率的措施

PCR产物的纯度和回收率是PCR产物纯化中的两个重要指标。如果纯度不高,会影响后续的酶切、连接、序列测定等实验。如果产物的回收率过低,回收产物的量不能满足后续实验的需要,就需要重新进行PCR扩增,增加前期的实验工作量,提高了实验成本。为了提高回收率,需要注意以下几个方面:

(1) 尽量增加 PCR 产物的电泳上样量;

(2) 使用新配制的电泳缓冲液进行电泳;

(3) 在保证含有 DNA 条带的胶全部回收的前提下,尽量减小切胶的体积;

(4) 溶胶时可多加一些溶胶液(裂解液),便于 DNA 与硅胶膜的充分结合;

(5) 溶胶的时间尽量长一些,确保胶全部溶解;

(6) 将离心后的洗脱液加回到吸附柱,再次离心。

4. PCR 产物切胶纯化的注意事项

(1) 保证切胶用的刀片、台面等清洁,所有与回收片段接触的试剂盒等器皿都要进行灭菌处理,避免外源核酸的污染。

(2) 操作过程要轻柔,防止机械剪切力对 DNA 的破坏。

9.3.2 PCR 产物的鉴定

1. 电泳的原理

电泳是指带电颗粒在电场的作用下发生迁移的过程。如蛋白质、核酸、氨基酸等许多重要的生物大分子都带有电荷,在电场的作用下,这些带电分子会向与其所带电荷极性相反的极板移动。由于待分离样品中各种分子带电性质、本身的大小和形状等差异,在电场中具有不同的迁移率,从而对待分离样品进行分离、鉴定和纯化。

电泳装置主要包括电泳仪和电泳槽两部分,电泳槽分为水平式和垂直式两类。

2. 电泳支持介质

电泳必须在一种支持介质中进行。目前常用的支持介质是聚丙烯酰胺凝胶和琼脂糖凝胶。

聚丙烯酰胺凝胶弹性好,机械强度高,化学性质稳定,属非离子型化合物,没有吸附和电渗作用。它是由丙烯酰胺(Acr)和甲叉双丙烯酰胺(Bis)在催化剂作用下合成的。常用的催化剂主要包括过硫酸铵-TEMED 化学聚合催化系统和核黄素-TEMED 光聚合催化系统两类。

凝胶孔径与凝胶浓度有关,浓度越大,孔径越小。如果用聚丙烯酰胺凝胶分离大分子核酸,通常要用大孔胶。聚丙烯酰胺凝胶浓度一般为 2.4%～20%,在此范围内可分离相对分子质量为 3.3×10^2～1.0×10^6 的生物大分子。聚丙烯酰胺分离小片段 DNA(5～500 bp)效果较好,其分辨率极高,甚至相差 1 bp 的 DNA 片段都可以分开。聚丙烯酰胺凝胶电泳速度快,而且可容纳相对大量的 DNA,但制备和操作比琼脂糖凝胶困难。聚丙烯酰胺凝胶采用垂直式装置进行电泳。

琼脂糖是一种直链多糖,在水中一般加热到 90 ℃以上时溶解,温度下降到 35～40 ℃时形成半固体状的凝胶。可以通过调整琼脂糖浓度,获得不同孔径的凝胶,用作电泳支持介质。由于琼脂糖具有亲水性及不含带电荷的基团,因此很少引起敏感的生化物质的变性和吸附,是分离生物高分子尤其是核酸的优良电泳介质。用琼脂糖配制电泳凝胶,只需将琼脂糖在缓冲液中加热熔化,在将要凝固时倒入电泳槽中即可,十分方便。

3. 琼脂糖凝胶电泳

琼脂糖凝胶分离 DNA 片段大小范围较广,不同浓度琼脂糖凝胶可分离长度从 200 bp 至近 50 kb 的 DNA 片段。目前,一般实验室多用琼脂糖水平式平板凝胶电泳装置进行 DNA 电泳。在电场中,带负电荷的 DNA 向正极迁移,其迁移率由多种因素决定。

(1) 琼脂糖浓度:线状 DNA 分子在电泳中的迁移率与琼脂糖凝胶的浓度有关。DNA 电泳迁移率的对数值与凝胶浓度呈线性关系。凝胶浓度的选择取决于 DNA 分子的大小。分离 0.5 kb 以下的 DNA 片段所需胶浓度是 1.2%～1.5%，分离 10 kb 以上的 DNA 片段所需胶浓度为 0.3%～0.7%，DNA 片段大小介于两者之间的则所需胶浓度为 0.8%～1.0%。

(2) DNA 的分子大小：线状双链 DNA 分子在一定浓度琼脂糖凝胶中的迁移率与 DNA 相对分子质量的对数值成反比，分子越大，则所受阻力越大，越难以在凝胶孔隙中蠕行，因而迁移得越慢。

(3) DNA 分子的构象：DNA 在电场中的迁移率除与分子大小有关，也与 DNA 的构象有关，相同分子质量的线状、开环和超螺旋 DNA 在琼脂糖凝胶中移动速率是不一样的，超螺旋 DNA 移动最快，而线状双链 DNA 移动最慢。

(4) 电源电压：低电压时，线状 DNA 片段的迁移率与所加电压成正比。但是随着电场强度的增加，不同相对分子质量的 DNA 片段的迁移率将以不同的幅度增长，片段越大，迁移率升高幅度也越大，因此电压增加，琼脂糖凝胶的有效分离范围将缩小。要使 2 kb 以上的 DNA 片段的分辨率达到最大，所加电压不得超过 5 V/cm。

9.4　PCR 技术的延伸及应用

聚合酶链式反应(PCR)技术又称无细胞分子克隆或特异性 DNA 序列体外引物定向酶促扩增技术，与分子克隆 (molecular cloning)、DNA 测序 (DNA sequencing)一起构成分子生物学的三大主流技术。PCR 技术使人们能够在数小时内通过试管中的酶促反应将特定的 DNA 片段扩增数百万倍，给生命科学领域的研究手段带来了革命性的变化。由于 PCR 技术的实用性和极强的生命力，它已成为生命科学领域研究的一种重要方法，极大地推动了分子生物学以及生物技术产业的发展。

9.4.1　PCR 技术的延伸

1. 实时荧光定量 PCR 技术

实时荧光定量 PCR(real-time quantitative PCR)简称 RT-qPCR。该技术是以 PCR 技术为基础改进得到的更加快速、灵敏，特异性更强的核酸定量技术，有着光谱高敏感性以及定量精确等特点，可以对 PCR 中荧光信号变化进行直接探测，从而得到定量结果。它是通过荧光染料或荧光标记的特异性探针标记跟踪 PCR 产物，从而实时监测反应，利用与之相适应的软件对产物进行分析，计算待测样品模板的初始浓度。该技术实现了 PCR 从定性到定量的质的跨越，具有里程碑意义。下面介绍其原理、特点及应用前景。

RT-qPCR 是指在 PCR 体系中加入荧光基团，利用荧光信号实时监测整个 PCR 进程，使每一个循环变得“可见”，最后通过标准曲线对样品中 DNA 的起始浓度进行定量的方法。在反应体系和反应条件完全一致的情况下，PCR 扩增呈指数式增长时，模板量与扩增产物的量成正比。由于反应体系中的荧光基团与扩增产物结合发光，其荧光强度与扩增产物量成正比，因此通过荧光强度的检测就可以测定样本核酸量。实时荧光定量 PCR 仪得到的是 C_t 值，即每管内的荧光信号达到仪器所设定的阈值时所经历的循环数，起始 DNA 模板量越多，C_t 值就越小。可通过比较不同样品的 C_t 值来计算不同样品中同一基因的表达差异，也可通过标准曲线法对目的基因进行绝对定量。常用的荧光染料有 SYBR Green Ⅰ，该荧光染料与 DNA 双链结合后,发射荧光信号,而自由的 SYBR 染料分子不会发射任何荧光信号,从而保证荧光信号的增加与 PCR 产物的增加完全同步。但这种结合是非特异性结合,不能区分目的 DNA 和非目的 DNA。另外一种方法是加入 TaqMan 荧光探针,该探针是一段可与目的基因中间序列互补配对的单链 DNA,且两端带有不同的荧光基团,这两个荧光基团在荧光共振能量转移作用下发生荧光淬灭,检测不到荧光。当 PCR 扩增时,探针与目的基因结合,DNA 聚合酶在复制生成子链 DNA 时遇到探针可逐个切除探针一端,从而解除荧光淬灭的束缚,发出荧光,荧光强度直接反映了产物的量(图 9-2)。由于探针与目的基因的结合是特异的,因此这一检测技术特异性很强,但每检测一个目的基因就要合成相应的探针,成本很高。

RT-qPCR 的特点如下:①用产生荧光信号的指示剂显示扩增产物的量;②荧光信号通过荧光染料嵌入双链 DNA、双重标记的序列特异性荧光探针或能量信号转移探针等方法获得,大大提高了检测的灵敏度、特异性和精确度;③进行实时动态连续的荧光监测,消除了标本和产物的污染,且无复杂的产物后续处理过程。与传统的 PCR 相比,实时荧光定量 PCR 更加快速、灵敏,并能有效地减少实验过程中产生污染的危险。

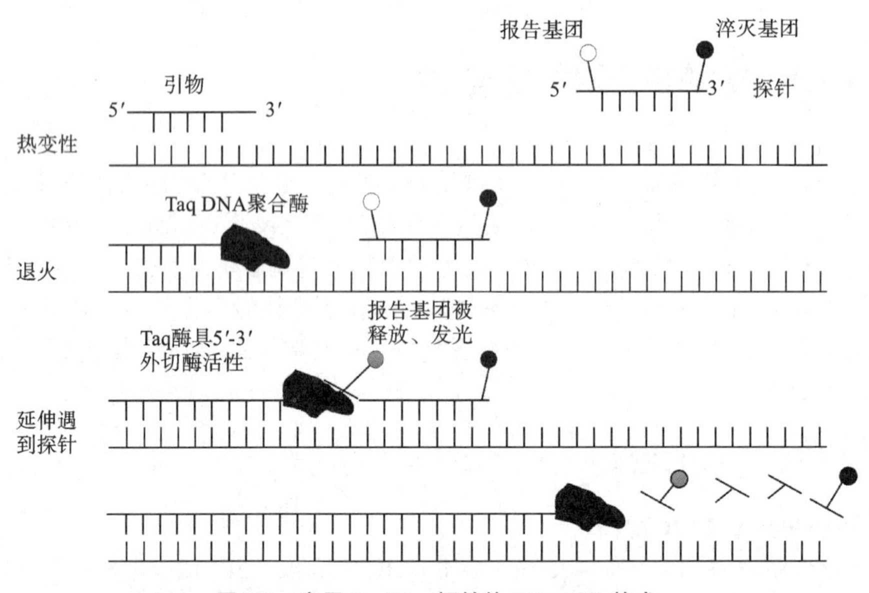

图 9-2　应用 TaqMan 探针的 RT-qPCR 技术

2. 微滴式数字 PCR 技术

微滴式数字 PCR (droplet digital PCR,ddPCR)技术是 Kinzler 和 Vogelstein 于 1999 年提出的一种核酸定量检测技术,属于第三代 PCR 技术。与第二代相比,ddPCR 在靶标的绝对定量检测方面具有更高的准确度和灵敏度。目前,ddPCR 已经在肿瘤突变基因检测、病原体检测等领域中发挥重要作用。ddPCR 是近年来迅速发展起来的一种定量分析技术。与传统定量 PCR 技术不同的是 ddPCR 不依赖于扩增曲线的循环阈值进行定量,因而不受扩增效率的影响,也不必采用管家基因(又叫持家基因)和标准曲线,具有很高的准确度和很好的重现性,可以进行绝对定量分析。

ddPCR(也可称单分子 PCR)一般包括两部分内容,即 PCR 扩增和荧光信号分析。在 PCR 扩增阶段,与传统技术不同,ddPCR 一般需要将样品稀释到单分子水平,并平均分配到几十至几万个单元中进行反应。不同于 RT-qPCR 对每个循环进行实时荧光测定的方法,ddPCR 技术是在扩增结束后对每个反应单元的荧光信号进行采集,最后通过直接计数或泊松分布公式计算得到样品的原始浓度或含量。

9.4.2 PCR技术的应用

1. PCR技术在分子生物学领域的应用

(1) 基因克隆:基因的克隆和分离是分子生物学和细胞生物学研究中必不可少的手段。运用PCR技术进行基因克隆和亚克隆比传统的方法具有更大的优点。PCR可以对单拷贝的基因放大上百万倍,产生pg级的特异DNA片段,从而可省略从基因组DNA中克隆某一特定基因片段时将DNA酶切连接到载体DNA上、转化、建立DNA文库,以及基因的筛选、鉴定、亚克隆等烦琐的实验步骤。

(2) 重组PCR:在分子生物学研究中常常需要将两个不同的基因融合在一起。通过PCR反应可以比较容易地做到这一点。

(3) DNA序列测定:目前广泛采用的DNA测序方法有化学法和双脱氧末端测序法两种,它们对模板的需要量比较大。传统的模板制备方法是将含目的基因的DNA片段进行酶切,建立基因库,筛选克隆,并亚克隆到M13噬菌体载体上,经噬菌体产生单链DNA。利用PCR方法可以比较容易地测定位于两个引物之间的序列。

(4) 基因定量:应用实时荧光定量PCR技术可以对基因时间、空间表达水平差异进行比较。例如,对特定基因用物理、化学等方法处理后的差异进行比较,为科学研究提供依据。

2. 在医学领域的应用

基因诊断技术的发展是现代医学发展的一个重要标志,它从基因水平开辟了诊断学的新领域。PCR技术是基因诊断的主要技术之一,以PCR为基础的各种分子生物学新技术在遗传病的基因诊断等方面得到广泛的应用。由于PCR技术具有特异性强、灵敏度高、操作快速简便、对样本要求低等特点,加之它能与多种分子生物学技术配合使用,PCR技术日益成为遗传病诊断、发病机理的研究等方面最有效、最可靠的方法之一。PCR技术的出现为快速、准确地检测人类遗传病开辟了新途径。

(1) PCR技术在传染病病原体检测中的应用。

常规PCR不能定量,在操作中易污染而导致出现假阳性结果,应用RT-qPCR技术可以解决这些问题。目前,此项技术已应用于检测丙肝病毒、宫颈癌及其癌前病变有关的人类乳头瘤病毒,抗结核药物治疗后定量检测病人痰样本病原体DNA含量,为疾病的诊断和治疗提供依据。用此项技术还可以一次性检测大量大肠杆菌样本,简便、准确,是食品检测方面的一个突破;能对前病毒或潜伏期低复制的病原体特异性靶DNA片段进行扩增检测,只要标本中含有1 fg靶DNA就可检出;可检出经核酸分子杂交呈阴性的许多标本,而且对标本要求不高,经简单处理后就能得到满意扩增;可做到早期及时诊断,对防止传染病流行有重要意义。

新型冠状病毒(2019-nCoV)正在全球各国蔓延。我国的病毒检测能力不断提高,检测技术也在不断地发展和创新。以RT-qPCR和宏基因组测序为代表的病毒检测技术在辅助疾病确诊、监测病毒变异等方面发挥了关键作用。如以新型冠状病毒*ORF 1ab*及编码核衣壳蛋白的*N*或者*E*基因的特异性保守序列为靶区域,进行了双靶标基因的设计,配以PCR反应液,在RT-qPCR仪上,通过荧光信号的变化实现病毒样本的检测。

(2) PCR在肿瘤相关基因检测中的应用。

肿瘤发生机制非常复杂,发病机理尚不清楚。随着基因分子水平研究不断发展,肿瘤基因发生突变等遗传学改变是致癌性发生的根本原因的观点已被广泛接受。癌基因表达异常和突变在多种肿瘤早期和良性阶段就已出现,通过 RT-qPCR 检测可检测到基因突变,准确测定其表达量,为肿瘤早发现、早诊断、早治疗及疗效和预后的判断提供依据。

(3) PCR 技术在遗传病早期诊断中的应用。

PCR 技术可用于单核苷酸多态性(SNP)检测分析。人们对疾病的易感性和对同一种药物治疗同一种疾病的效果是有差异性的,遗传物质 DNA 的多态性、STR、ABO 血型和 SNP 是个体差异的遗传基础。SNP 在人类基因组中广泛存在,是人类可遗传变异中最常见的一种,在遗传性疾病的研究中具有重要意义。

(4) 用于药物选择和疗效判断。

化疗过程中主要问题是病人对化疗药物的耐药性,肿瘤耐药基因的表达水平的检测结果是选择化疗药物的依据。检测微小残留病变的变化情况对于调整治疗策略和对病人进行个体化治疗非常重要。

(5) 用于优生优育诊断。

唐氏综合征是由染色体异常导致的,在产前通过 RT-qPCR 技术进行染色体核型分析,可以最大限度地防止患儿的出生,是防止此病的有效措施。

此项技术还可以对孕产妇进行叶酸利用能力检测,为孕产妇提供叶酸补充指导。此项技术对于降低严重缺陷儿出生率、提高人口素质起到积极的推动作用。

3. 在食品检测方面的应用

食品安全是与人民群众生活息息相关的问题。食品在生产、贮藏、运输、销售等一系列过程中存在受到微生物污染的可能性,检测食品中的致病菌至关重要。

4. 在植物领域的应用

比较不同基因型、不同发育阶段或生长条件下的细胞或个体在基因表达上的差异,是研究分子调控机制的重要组成部分。RT-qPCR 不仅能实现对核酸快速、灵敏、高效特异检测,还可以对目的基因的起始量进行精确定量。植物转基因研究中,外源基因在植物基因组中的拷贝数为 1～2 时能够较好表达,插入拷贝数较多时会导致表达不稳定,甚至发生基因沉默现象。因此,RT-qPCR 法已被广泛应用于 DNA 和 RNA 的定量检测。该法能够快速、准确监测植物病原,并对植物病害及时作出预警。它也可以用于检测基因突变和基因组的不稳定性,以及转基因产品的快速检测等领域。

5. 在环境监测方面的应用

RT-qPCR 技术已经被国内外应用在环境监测中,提高了监测水平。此项技术可以检测河流中环境微生物随着季节变化的情况,还可以用来对地表水和饮用水中致病菌进行检测,以便及时预告地表水污染情况,采取相应有效措施避免大范围污染。水体中即使只有少量沙门氏菌污染也会危害健康,此项技术可以帮助人们找到其污染源,便于及时安排沙门氏菌接种。应用此技术,可以直接从环境样品中检测炭疽菌,对炭疽防治具有重要意义。

6. ddPCR 技术的应用

目前,ddPCR 技术已经在肿瘤突变基因检测、病原体检测等领域中发挥重要作用。近年来随着人类对癌症研究的不断深入,大量证据表明癌症是一种基因(染色体)异常变化引起的疾病,普遍认可的异常情况包括癌基因及抑癌基因的突变、插入或缺失等。不过,癌细胞通常与大量正常细胞同时存在,因此,如何从大量正常细胞的 DNA 中检测到少量的异常基因成为癌症研究领域关注的焦点问题之一。Vogelstein 及其同事以 *KRAS* 基因突变为研究对象,对肠癌患者的粪便样品进行了 ddPCR 分析,发现 *KRAS* 基因第 12 号密码子点突变率约为

4%。ddPCR 能够直接计量起始样本中核酸分子的个数，这是对核酸浓度的绝对定量，是一种划时代的核酸检测技术。

另外，ddPCR 技术还常用于肿瘤早期研究和产前诊断，为人类的健康发展提供便利。

实验 9　PCR 扩增特异性 DNA 片段及扩增产物的纯化与鉴定

一、实验目的与内容

本实验利用 PCR 扩增特异性 DNA 片段，并对扩增产物进行回收、纯化和鉴定。通过本实验，学习 PCR 基因扩增的原理与实验技术，学习通过琼脂糖凝胶电泳检测 DNA 的方法，学习 PCR 产物切胶回收纯化的方法。

二、实验原理

聚合酶链式反应(PCR)的原理类似于 DNA 的天然复制过程，其特异性依赖于与靶序列两端互补的寡核苷酸引物。

PCR 由变性、退火、延伸三个基本反应步骤构成。

(1) 模板 DNA 的变性：模板 DNA 经加热至 94 ℃左右保持一段时间后，模板双链 DNA 或经 PCR 扩增形成的双链 DNA 解离，成为单链。

(2) 模板 DNA 与引物的退火(复性)：模板 DNA 经加热变性成单链后，温度降至 54 ℃，按照碱基互补配对原则，引物与模板 DNA 的单链互补结合。

(3) 引物的延伸：DNA 模板-引物结合物在 Taq DNA 聚合酶的作用下，以 dNTP 为原料，靶序列为模板，按 5′→3′方向复制与模板互补的 DNA。

PCR 产物可经琼脂糖凝胶电泳后切胶回收，纯化。

本实验以提取的质粒 DNA 为模板，进行 PCR 扩增，获得目的 DNA 片段。

三、实验仪器、材料和试剂

1. 仪器

PCR 仪、电泳仪、台式离心机、恒温振荡器、凝胶成像系统、微量移液器、锥形瓶、微波炉(或电炉)等。

2. 材料

pBI121 质粒 DNA 模板。

3. 试剂

Taq DNA 聚合酶(1 U/μL)、10×PCR 缓冲液(含 25 mmol $MgCl_2$)、dNTP(2.5 mmol/L)、模板 DNA、引物(Primer1、Primer2)、溴化乙锭(10 mg/mL)、琼脂糖、上样缓冲液(6×)、Tris-HCl 饱和酚(pH 7.6)、NaAc 溶液(3 mol/L)、酚、氯仿、无水乙醇、50×TAE 电泳缓冲液、灭菌双蒸水等。

四、实验步骤和方法

1. PCR扩增特异性DNA片段

(1) 在0.2 mL PCR小管内配制20 μL反应体系:

10×PCR缓冲液	2 μL
dNTP(2.5 mmol/L)	2 μL
引物(10 μmol/L)	各1 μL
模板DNA	1 μL
Taq DNA聚合酶	0.2 μL
灭菌双蒸水	补足20 μL

混匀。(★实际操作中,可以先配制总反应液,如可以配制10个反应体系的量,每管分装19 μL,然后各组加入质粒DNA。)

(2) 放入台式离心机中短时离心后,置于PCR仪中,按下述程序进行扩增:

① 94 ℃预变性3 min;

② 94 ℃变性30 s;

③ 54 ℃退火30 s;

④ 72 ℃延伸1 min;

⑤ 重复步骤②~④29次;

⑥ 72 ℃延伸3 min。

2. 琼脂糖凝胶电泳检测PCR扩增的特异性DNA片段

(1) 制胶:称取1.0 g琼脂糖,置于200 mL锥形瓶中,加入100 mL 1×TAE电泳缓冲液(将50×TAE电泳缓冲液稀释50倍),放入微波炉里(或电炉上)加热至琼脂糖全部熔化,取出摇匀,此为1.0%琼脂糖凝胶液。(★制多大体积的凝胶要根据电泳槽的大小确定。)

(2) 灌胶:待胶冷却至50~60 ℃时,加入2 μL的溴化乙锭(EB),在恒温振荡器中振荡混匀,缓缓倒入胶板,插上梳子。胶凝固后拔去梳子,加入1×TAE电泳缓冲液至槽内,液面高出胶板约1 mm。(★EB为致癌物质,要严格遵守实验室的操作和使用规程,操作时务必戴手套,用完的手套按照规定放在指定的位置。)

(3) 点样:取5 μL PCR产物与1 μL 6×上样缓冲液,用微量移液器小心加入样品槽的点样孔中。

(4) 电泳:加完样后,合上电泳槽盖,接通电源。加样端接负极,调电压至60~80 V,当溴酚蓝条带移动到距凝胶前沿约2 cm时,停止电泳。

(5) 观察:在凝胶成像系统上观察PCR扩增结果,并拍照。

3. 特异性DNA片段的回收

(★也可以选用回收试剂盒,具体操作可以按照试剂盒的说明进行。)

(1) 紫外灯下仔细切下含待回收DNA的胶条,将切下的胶条捣碎,置于1.5 mL离心管中。

(2) 加入等体积的Tris-HCl饱和酚(pH 7.6),充分混匀。

(3) −20 ℃冰箱中放置5~10 min。

(4) 4 ℃ 10000*g*离心5 min,取上清液,转入另一支离心管中。

(5) 在含胶的离心管中加入1/4体积的灭菌双蒸水,振荡混匀。

(6) −20 ℃冰箱中放置5～10 min。

(7) 4 ℃ 10000g 离心5 min,取上清液,与原来的上清液合并。

(8) 用等体积酚-氯仿抽提一次,取上清液,转入新的离心管中。

(9) 用等体积氯仿抽提一次,取上清液,转入新的离心管中。

(10) 加入1/10体积的3 mol/L NaAc溶液(pH 5.2)、2.5倍体积的无水乙醇,混匀。

(11) −20 ℃冰箱中放置30 min。

(12) 4 ℃ 13000g 离心10 min,弃去上清液。

(13) 用75%乙醇洗涤沉淀1～2次,置于通风橱中风干。(★一定要充分去除残留的乙醇,否则会影响后续的基因克隆、序列测定等实验。)

(14) 加适量水溶解DNA。

4. 特异性DNA片段的鉴定

取5 μL PCR回收纯化的产物进行1.0%琼脂糖凝胶电泳分析。电泳结果应显示长度为716 bp的亮带。

五、作业与思考题

1. 作业

在紫外灯下观察电泳凝胶的DNA条带,根据观察结果,手工绘制电泳凝胶的DNA条带,并进行分析。

2. 思考题

(1) PCR扩增中有哪些注意事项?

(2) 琼脂糖凝胶电泳中DNA分子迁移率受哪些因素的影响?

实验10 实时荧光定量PCR技术检测基因的表达量

一、实验目的与内容

RT-qPCR技术可以用于干细胞研究、肿瘤学和遗传疾病研究、病原体检测和传染病研究、药物分析、药物基因组学研究、植物学研究和农业生物科技等诸多领域中。本实验通过RT-qPCR技术,检测目的基因的表达量。

二、实验原理

RT-qPCR技术是指在PCR体系中加入荧光基团,通过荧光信号不断累积而实现实时监测PCR全程,然后通过标准曲线对未知模板进行定量分析的技术。

在RT-qPCR技术中有两个概念比较重要。①荧光阈值(threshold)的设定:PCR的前15个循环的荧光信号作为荧光本底信号,荧光阈值的缺省设置是3～15个循环的荧光信号标准偏差的10倍。②C_t值:C_t值的含义是每个反应管内的荧光信号到达设定的阈值时所经历的循环数。

在RT-qPCR中,对全程PCR扩增过程进行实时检测,根据反应时间和荧光信号的变化可以绘制一条曲线。一般来说,整条曲线可以分三段:荧光背景信号阶段、荧光信号指数扩增阶段和平台期。在荧光背景信号阶段,扩增的荧光信号与背景无法区分,无法判断产物量的变化。在平台期,扩增产物已不再呈指数形式增加,所以反应终产物量与起始模板量之间已经不存在线性关系,通过反应终产物也算不出起始DNA拷贝数。只有在荧光信号指数扩增阶段,PCR产物量的对数值与起始模板量之间存在线性关系,所以在此阶段的某一点上检测PCR产物的量,由此来推断模板最初的含量而进行定量分析。研究表明,每个模板的C_t值与该模板的起始拷贝数的对数存在线性关系,起始拷贝数越大,C_t值越小。通过已知起始拷贝数的标准品可得到标准曲线,只要获得未知样品的C_t值,即可从标准曲线上计算出该样品的起始拷贝数。

三、实验仪器、材料和试剂

1. 仪器

实时荧光定量PCR仪、电泳仪、微孔板离心机、紫外分光光度计、凝胶成像系统、微量移液器、无RNA酶的离心管、无RNA酶的吸头等。

2. 材料

待测RNA样品、β-actin阳性模板、内参上游引物F、内参下游引物R。

3. 试剂

Trizol试剂、DEPC水、酚、氯仿、无水乙醇、异丙醇、灭菌双蒸水、琼脂糖、MOPS电泳缓冲液、SYBR Green Ⅰ染料、10×上样缓冲液、溴化乙锭(EB)、Goldview试剂、甲醛溶液(37%)等。

四、实验步骤和方法

1. 样品RNA的抽提

(1) 取冻存已裂解的细胞,室温下放置5 min使其完全融化。

(2) 两相分离:每1 mLTrizol试剂裂解的样品中加入0.2 mL氯仿,盖紧管盖。手动剧烈振荡管体15 s后,15～30 ℃温育2～3 min。4 ℃下12000 r/min离心15 min。离心后液体将分为下层的红色酚-氯仿相、中间层以及上层的无色水相。RNA全部分配于水相中。上层水相的体积大约是匀浆时加入的Trizol试剂的60%。

(3) RNA沉淀:将上层水相转移到干净无RNA酶的离心管中。加等体积异丙醇混合以沉淀其中的RNA,混匀后15～30 ℃温育10 min后,于4 ℃下12000 r/min离心10 min。此时离心前不可见的RNA沉淀将在管底部和侧壁上形成胶状沉淀块。

(4) RNA清洗:移去上清液,每1 mL Trizol试剂裂解的样品中加入至少1 mL的75%乙醇(75%乙醇用DEPC水配制),清洗RNA沉淀。混匀后,4 ℃下7000 r/min离心5 min。

(5) RNA干燥:小心吸去大部分乙醇溶液,使RNA沉淀在室温空气中干燥5～10 min。

(6) 溶解RNA沉淀:溶解RNA时,先加入DEPC水40 μL,用微量移液器反复吹打几次,使其完全溶解,获得的RNA溶液保存于-80 ℃待用。

2. RNA质量检测

1) 紫外吸收法测定

先用TE溶液将分光光度计调零。然后取少量RNA溶液,用TE溶液稀释(1∶100)后,读取其在分光光度计 260 nm 和 280 nm 波长处的光密度值，测定 RNA 溶液的浓度和纯度。

(1) 浓度测定：OD_{260} 读数为 1 时表示 RNA 40 μg/mL。样品 RNA 浓度(μg/ mL)计算公式为：

$$样品 RNA 浓度(\mu g/mL)=OD_{260}\times 稀释倍数\times 40\ \mu g/mL$$

(2) 纯度检测：RNA 溶液的 OD_{260}/OD_{280} 值即为 RNA 纯度，比值范围为 1.8～2.1。

2) 变性琼脂糖凝胶电泳测定

(1) 制胶：将 1 g 琼脂糖溶于 72 mL 水中，冷却至 60 ℃，加入 10 mL 10× MOPS 电泳缓冲液和 18 mL 37% 甲醛溶液（12.3 mol/L）。

10×MOPS 电泳缓冲液：

浓度	成分	pH
0.4 mol/L	MOPS	7.0
0.1 mol/L	乙酸钠	
0.01 mol/L	EDTA	

灌制凝胶板，预留加样孔(至少可以加入 25 μL 溶液)。胶凝后取下梳子，将凝胶板放入电泳槽内，加 1×MOPS 电泳缓冲液至覆盖胶面。

(2) 准备 RNA 样品：取 3 μg RNA，加入 3 倍体积的甲醛上样染液，加 EB 于甲醛上样染液中至终浓度为 10 μg/mL。加热至 70 ℃，温育 15 min，使样品变性。

(3) 电泳：上样前凝胶须预电泳 5 min，随后将样品加入上样孔。5～6 V/cm 电压下电泳 2 h，至溴酚蓝指示剂进胶至少 2 cm。

(4) 紫外透射光下观察并拍照：28 S 和 18 S 核糖体 RNA 的条带非常亮而浓(其大小取决于用于抽提 RNA 的物种类型)，上面一条带的密度大约是下面一条带的 2 倍。还有可能观察到一个更小、稍微扩散的条带，它由低相对分子质量的 RNA(tRNA 和 5 S 核糖体 RNA)组成。在 18 S 和 28 S 核糖体带之间可以看到一片弥散的 EB 染色物质，可能由 mRNA 和其他异型 RNA 组成。RNA 制备过程中如果出现 DNA 污染，将会在 28 S 核糖体 RNA 条带的上面出现，呈弥散或条带状，RNA 的降解表现为核糖体 RNA 条带的弥散。用数码照相机记录下电泳结果。

3. 样品 cDNA 合成

(1) 反应体系如下：

序号	反应物	剂量
1	反转录缓冲液	2 μL
2	上游引物	0.2 μL
3	下游引物	0.2 μL
4	dNTP	0.1 μL
5	反转录酶 MMLV	0.5 μL
6	DEPC 水	5 μL
7	RNA 模板	2 μL
	总体积	10 μL

轻弹管底将溶液混合，6000 r/min 短时离心。

(2) 混合液在加入反转录酶 MMLV 之前先在 PCR 仪中 70 ℃干浴 3 min，取出后立即冰水浴至管内外温度一致，然后加反转录酶 0.5 μL，37 ℃水浴 60 min。

(3) 取出后立即 95 ℃干浴 3 min,得到反转录终溶液,即为 cDNA 溶液,保存于-80 ℃待用。

4. 梯度稀释的标准品及待测样品的管家基因(β-actin)RT-pPCR

(1) β-actin 阳性模板的标准梯度制备:阳性模板的浓度为 10^{11},反应前取 3 μL,按 10 倍稀释(加水 27 μL 并充分混匀)为 10^{10},依次稀释至 10^{9}、10^{8}、10^{7}、10^{6}、10^{5}、10^{4},备用。

(2) 反应体系如下:

序号	反应物	剂量
1	SYBR Green Ⅰ 染料	10 μL
2	阳性模板上游引物 F	0.5 μL
3	阳性模板下游引物 R	0.5 μL
4	dNTP	0.5 μL
5	Taq 聚合酶	1 μL
6	阳性模板 DNA	5 μL
7	灭菌双蒸水	32.5 μL
	总体积	50 μL

轻弹管底将溶液混合,6000 r/min 短时离心。

管家基因反应体系如下:

序号	反应物	剂量
1	SYBR Green Ⅰ 染料	10 μL
2	内参上游引物 F	0.5 μL
3	内参下游引物 R	0.5 μL
4	dNTP	0.5 μL
5	Taq 聚合酶	1 μL
6	待测样品 cDNA	5 μL
7	灭菌双蒸水	32.5 μL
	总体积	50 μL

轻弹管底将溶液混合,6000 r/min 短时离心。

(3) 制备好的阳性标准品和检测样本同时上机,反应条件为:93 ℃ 2 min,然后 93 ℃ 1 min,55 ℃ 2 min,共 40 个循环。

5. 制备用于绘制梯度稀释标准曲线的 DNA 模板

(1) 针对每一需要测量的基因,选择一个确定表达该基因的 cDNA 模板进行 PCR 反应。

反应体系如下:

序号	反应物	剂量
1	10× PCR 缓冲液	2.5 μL
2	$MgCl_2$溶液	1.5 μL
3	上游引物 F	0.5 μL
4	下游引物 R	0.5 μL
5	dNTP 混合液	3 μL
6	Taq 聚合酶	1 μL
7	cDNA	1 μL

	总体积	25 μL

轻弹管底将溶液混合,6000 r/min 短时离心。

35 个 PCR 循环(94 ℃ 1 min,55 ℃ 1 min,72 ℃ 1 min),72 ℃延伸 5 min。

(2) PCR 产物与 DNA ladder 在 2% 琼脂糖凝胶电泳,溴化乙锭染色,检测 PCR 产物是否为单一特异性扩增条带。

(3) 将 PCR 产物进行 10 倍梯度稀释:设定 PCR 产物浓度为 10^{10},依次稀释至 10^{9}、10^{8}、10^{7}、10^{6}、10^{5}、10^{4}。

6. 待测样品的待测基因 RT-pPCR

(1) 对所有 cDNA 样品分别配制 RT-pPCR 体系。

反应体系如下:

序号	反应物	剂量
1	SYBR Green Ⅰ 染料	10 μL
2	上游引物	1 μL
3	下游引物	1 μL
4	dNTP	1 μL
5	Taq 聚合酶	2 μL
6	待测样品 cDNA	5 μL
7	灭菌双蒸水	30 μL
	总体积	50 μL

轻弹管底将溶液混合,置于微孔板离心机内 6000 r/min 短时离心。

(2) 将配制好的 PCR 溶液置于实时荧光定量 PCR 仪上进行 PCR 扩增。反应条件为:93 ℃ 2 min 预变性,然后按 93 ℃ 1 min,55 ℃ 1 min,72 ℃ 1 min,共 40 个循环,最后 72 ℃ 7 min 延伸。

7. RT-pPCR 使用引物的确定

引物设计软件为 Primer Premier 5.0,并遵循以下原则:引物与模板的序列紧密互补;引物与引物之间避免形成稳定的二聚体或发夹结构;引物不在模板的非目的位点引发 DNA 聚合反应(即错配)。

8. 电泳

各样品的目的基因和管家基因分别进行 RT-pPCR。PCR 产物与 DNA ladder 在 2% 琼脂糖凝胶电泳,Goldview 染色,用凝胶成像系统检测 PCR 产物是否为单一特异性扩增条带。

五、作业与思考题

(1) PCR 技术的应用领域有哪些?

(2) RT-qPCR 技术相对于普通 PCR 技术有哪些优势?

(3) 什么是数字 PCR 技术?它与 RT-qPCR 技术相比优势在哪里?

第10章 核酸杂交技术

随着基因工程研究技术的迅猛发展，新的核酸杂交类型和方法不断涌现和完善。核酸杂交按作用环境大致分为固相杂交和液相杂交两种类型。固相杂交是将参加反应的一条核酸链先固定在固体支持物上，另一条核酸链（核酸探针）游离在溶液中。固体支持物有硝酸纤维素膜、尼龙膜、乳胶颗粒、磁珠和微孔板等。液相杂交时参加反应的两条核酸链都游离在溶液中。由于固相杂交具有未杂交的游离片段可容易地漂洗除去、膜上留下的杂交物容易检测和能防止靶 DNA 自我复性等优点，故该法最为常用。常用的固相杂交类型有菌落原位杂交、斑点杂交、狭缝杂交、Southern 杂交、Northern 杂交、组织原位杂交和夹心杂交等。液相杂交是一种研究得最早且操作复杂的杂交类型，尽管其 60 年前就已被应用，但总不如固相杂交那样普遍。其主要原因是杂交后过量的未杂交探针在溶液中除去较为困难和误差较高。近几年杂交检测技术的不断改进及商业性基因探针诊断盒的应用，推动了液相杂交技术的迅速发展。

10.1 几种核酸探针标记方法

核酸探针根据核酸的性质，可分为 DNA 探针和 RNA 探针；根据是否使用放射性标记物，可分为放射性标记探针和非放射性标记探针；根据是否存在互补链，可分为单链探针和双链探针；根据放射性标记物掺入情况，可分为均匀标记和末端标记探针。下面介绍各种类型的探针及标记方法。

10.1.1 双链 DNA 探针

分子生物学研究中，最常用的探针即为双链 DNA 探针，它广泛应用于基因的鉴定、临床诊断等方面。双链 DNA 探针的合成方法主要有缺口平移法和随机引物合成法。

1. 缺口平移法

当双链 DNA 分子的一条链上产生缺口时，*E. coli* DNA 聚合酶 Ⅰ 就可将核苷酸连接到缺口的 3′-羟基末端。同时该酶具有 5′→3′核酸外切酶活性，能从缺口的 5′端除去核苷酸。在切去核苷酸的同时又在缺口的 3′端补上核苷酸，从而使缺口沿着 DNA 链移动，用放射性核苷酸代替原先无放射性的核苷酸，将放射性同位素掺入合成新链中。最合适的缺口平移片段一般为 50～500 个核苷酸。缺口平移反应受以下几种因素的影响：①产物的比活性取决于[α-^{32}P]-dNTP的比活性和模板中核苷酸被置换的程度；②DNA 酶 Ⅰ 的用量和 *E. coli* DNA 聚合酶 Ⅰ 的质量会影响产物片段的大小；③DNA 模板中的抑制物（如琼脂糖）会抑制酶的活性，故应使用仔细纯化后的DNA。

2. 随机引物合成法

随机引物合成双链探针是使寡核苷酸引物与DNA模板结合，在Klenow酶的作用下，合成DNA探针。合成产物的大小、产量、比活性依赖于反应中模板、引物、dNTP和酶的量。通常，产物平均长度为400～600个核苷酸。利用随机引物进行反应的优点如下：①Klenow片段没有5′→3′核酸外切酶活性，反应稳定，可以获得大量的有效探针；②反应时对模板的要求不严格，用微量制备的质粒DNA模板也可进行反应；③反应产物的放射性比活度较高，可达4×10^9次/(min・μg(探针))；④随机引物反应还可以在低熔点琼脂糖中直接进行。

10.1.2　单链DNA探针

用双链探针杂交检测另一个远缘DNA时，探针序列与被检测序列间有很多错配。而两条探针互补链之间的配对十分稳定，即形成自身的无效杂交，结果使检测效率下降。采用单链探针则可解决这一问题。单链DNA探针的合成方法主要有下列两种：①以M13载体衍生序列为模板，用Klenow片段合成单链探针；②以RNA为模板，用反转录酶合成单链cDNA探针。

1. 从M13载体衍生序列合成单链DNA探针

合成单链DNA探针可将模板序列克隆到噬粒或M13噬菌体载体中，以此为模板，使用特定的通用引物或以人工合成的寡核苷酸为引物，在[α-^{32}P]-dNTP的存在下，由Klenow片段作用合成放射性标记探针，反应完毕后得到部分双链分子。在克隆序列内或下游用限制性核酸内切酶切割这些长短不一的产物，然后通过变性凝胶电泳（如变性聚丙烯酰胺凝胶电泳）将探针与模板分离开。双链RF型M13 DNA也可用于单链DNA的制备，选用适当的引物即可制备正链或负链单链探针。

2. 从RNA合成单链cDNA探针

cDNA单链探针主要用来分离cDNA文库中相应的基因。以RNA为模板合成cDNA探针所用的引物有两种。

(1) 用寡聚dT为引物合成cDNA探针。本方法只能用于带poly(A)的mRNA，并且产生的探针绝大多数偏向于mRNA 3′末端序列。

(2) 可用随机引物合成cDNA探针。该法可避免上述缺点，产生比活性较高的探针。但由于模板RNA中通常含有多种不同的RNA分子，所得探针的序列往往比以克隆DNA为模板所得的探针复杂得多，应预先尽量富集mRNA中的目的序列。反转录得到的产物RNA-DNA杂交双链经碱变性后，RNA单链可被迅速地降解成小片段，经Sephadex G-50柱层析即可得到单链探针。

10.1.3　末端标记DNA探针

以Klenow片段标记3′末端为例，将待标记的双链含凹缺3′末端的DNA在Klenow片段作用下掺入[α-^{32}P]-dNTP，用酚-氯仿抽提后，用乙醇沉淀来分离标记的DNA，或用Sephadex G-50柱层析分离标记的DNA。利用本方法可对DNA相对分子质量标准进行标记，利用它可定位因片段太小而无法在凝胶中观察的DNA片段。此外，该方法对DNA的纯度要求不是很严格,少量制备的质粒也可进行末端标记合成探针。末端标记还有其他一些方法,如利用 T4 多核苷酸激酶标记脱磷的5′末端突出的 DNA 和平末端凹缺 DNA 分子,也可利用该酶进行交换反应标记5′末端。

10.1.4 寡核苷酸探针

利用寡核苷酸探针可检测到靶基因上单个核苷酸的点突变。常用的寡核苷酸探针主要有两种:单一已知序列的寡核苷酸探针和许多简并性寡核苷酸探针组成的寡核苷酸探针库。单一已知序列的寡核苷酸探针能与它们的目的序列准确配对,可以准确地设计杂交条件,以保证探针只与目的序列杂交而不与序列相近的非完全配对序列杂交,对于一些未知序列的目的片段则无效。此方法是在每个探针的5′末端多加一个磷酸,理论上,这会影响其与 DNA 的杂交。因此,建议使用 Klenow DNA 聚合酶的链延伸法获得高放射性的寡核苷酸探针。除了常见的同位素标记探针外,还有利用非同位素标记探针和杂交的方法,许多公司有不同的非同位素标记探针的杂交系统出售,可根据这些公司所提供的操作步骤进行探针的标记和杂交。

10.1.5 RNA 探针

许多载体(如 pBluescript、pGEM 等)均带有来自噬菌体 SP6 或 *E. coli* 噬菌体 T7 或 T3 的启动子,它们能特异性地被各自噬菌体编码的依赖于 DNA 的 RNA 聚合酶所识别,合成特异性的 RNA。在反应体系中若加入经标记的 NTP,则可合成 RNA 探针。RNA 探针一般是单链,它具有单链 DNA 探针的优点,又具有许多 DNA 单链探针所没有的优点,主要是 RNA-DNA 杂交体比 DNA-DNA 杂交体有更高的稳定性,所以在杂交反应中 RNA 探针比相同比活性的 DNA 探针所产生信号要强。用 RNA 酶切 RNA-RNA 杂交体比用 S1 酶切 DNA-RNA 杂交体容易控制,所以用 RNA 探针进行 RNA 结构分析比用 DNA 探针效果好。

噬菌体依赖于 DNA 的 RNA 聚合酶所需的 rNTP 浓度比 Klenow 片段所需的 dNTP 浓度低,因而能在较低浓度放射性底物的存在下,合成高比活性的全长探针。用来合成 RNA 的模板能转录许多次,所以 RNA 的产量比单链 DNA 的高。反应完毕后,用无 RNA 酶的 DNA 酶Ⅰ处理,即可除去模板 DNA,而单链 DNA 探针则需通过凝胶电泳纯化才能与模板 DNA 分离。另外,噬菌体依赖于 DNA 的 RNA 聚合酶不识别克隆 DNA 序列中的细菌、质粒或真核生物的启动子,对模板的要求也不高,故在异常位点起始 RNA 合成的比率很低。因此,当将线状质粒和相应的依赖于 DNA 的 RNA 聚合酶及四种 rNTP 一起保温时,所有 RNA 的合成都由这些噬菌体启动子起始。而在单链 DNA 探针合成中,若模板中混杂其他 DNA 片段,则会产生干扰。但 RNA 探针也存在着不可避免的缺点,因为合成的探针是 RNA,它对 RNA 酶特别敏感,因而所用的器皿、试剂等均应仔细地去除 RNA 酶;另外,如果载体没有很好地酶切,则等量的超螺旋 DNA 会合成极长的 RNA,它有可能带上质粒的序列而降低特异性。

10.2 核酸探针制备和纯化技术

10.2.1 核酸探针目的核酸(或基因)的制备技术

1. 特异性目的核酸(或基因)的制备

核酸探针的制备首先需要获得所要的特异性核酸或其片段,可用以下方法制备:

(1) 直接分离目的基因。从基因组上直接用内切酶切下所需基因。

(2) 化学合成目的核酸。以单核苷酸为原料,以固相磷酸三酯法合成某一结构完全清楚、相对分子质量较小的寡核苷酸。

(3) 酶促合成目的基因。在真核细胞中获得特异的结构基因。常用方法是以 mRNA 为模板,利用反转录酶合成单链 cDNA,再以大肠杆菌 DNA 聚合酶 Ⅰ 合成双链的结构基因。

2. 目的基因的扩增

在获得特异性目的基因后,可用以下方法大量扩增。

(1) 体外重组 DNA 技术及电泳技术。用体外重组 DNA 技术使其与载体 DNA 相连,转化至大肠杆菌中进行无性繁殖。以氯化铯超速离心纯化重组质粒 DNA,并以合适限制性核酸内切酶消化,经凝胶电泳制备回收特异性目的核酸片段。

(2) PCR 扩增技术。利用这种先进技术能简便、快速制备大量特异性目的核酸片段。PCR 技术的基本原理是利用 DNA 聚合酶依赖于 DNA 模板的特征,在体外用一对和欲扩增 DNA 片段的两侧序列互补的引物诱发聚合反应,即双链 DNA 先高温变性,然后在低温下与引物退火,再在中等温度进行链延伸反应。上述在三种不同温度下的变性、退火和延伸反应为一次循环,重复这种循环可使 DNA 获得指数式增加,例如经过 35 次循环反应,DNA 可扩增 1×10^{8} 倍以上。

10.2.2 放射性同位素标记核酸探针

最常用的同位素是[α-^{32}P]-dNTP、^{3}H-dNTP 及 ^{35}S-dNTP,多用缺口平移法、末端标记法、应用特异性单引物标记法、双引物标记法和聚合酶链式反应标记法,将标记物顺利地引进 DNA 或 RNA。

1. 缺口平移法

在适当浓度的 DNase Ⅰ 作用下,在双链 DNA 上制造一些缺口,再利用大肠杆菌 DNA 聚合酶 Ⅰ 的 $5'\rightarrow3'$外切酶活性依次切除缺口下游的核酸序列,同时将四种脱氧三磷酸核苷(其中一种用放射性标记)利用该酶 $5'\rightarrow3'$聚合活性补入缺口,使缺口逐个平移并在平移过程中形成标记的新生核酸链。此法也适用于探针的非放射性标记。如 ^{32}P 标记 DNA 探针(缺口平移法):反应体积为 25 μL,内含 0.3 μg DNA 片段、4 μL 0.2 μmol/L dNTP、1.1×10^{6} Bq [α-^{32}P]-dATP、1 μL 稀释 2 万倍的 DNA 酶和 2 μL DNA 聚合酶 Ⅰ、6 μL 缓冲液(50 mmol/L Tris-HCl(pH 7.2)、10 mmol/L $MgSO_4$、1 mmol/L 二硫苏糖醇(DTT)和 50 μg/mL BSA),反应在 14 ℃进行 3 h。标记 DNA 经 Sephadex G-50 柱层析回收。

2. 末端标记法

在大肠杆菌 T4 噬菌体多聚核苷酸激酶(T4 PNK)的催化下,将[γ-^{32}P]-ATP 上的磷酸连接到寡核苷酸的5′末端上。要求标记的寡核苷酸5′末端带有羟基。此法适用于标记合成的寡核苷酸探针。如将底物改为Bio-11-dUTP(生物素-11-dUTP),也可以在3′末端标记上一个生物素。

3. 应用特异性单引物标记法

应用探针DNA上的一个片段作为DNA引物,以环化探针DNA的重组质粒DNA为模板,在DNA聚合酶的作用下,通过变性、退火和延伸过程,使探针DNA得到标记。反应在0.5 mL离心管内进行,总体积为25 μL,内含50 mmol/L Tris-HCl(pH 7.5)、10 mmol/L $MgCl_2$、5 mmol/L BSA、80 ng引物DNA和0.1 μg连接的DNA或0.1 μg质粒。反应管在95 ℃变性5 min,取出,稍离心,立即放入37 ℃水浴保温2 min使DNA退火,加入1 U *E. coli* DNA聚合酶Ⅰ,在37 ℃进行延伸反应。对环化基因延伸18 min,对质粒DNA延伸35 min,重复上述变性、退火和延伸过程1次。

4. 双引物标记法

反应在0.5 mL离心管内进行,反应体积为50 μL,内含50 mmol/L Tris-HCl(pH 7.5)、10 mmol/L $MgCl_2$、10 mmol/L β-巯基乙醇和500 μg/mL BSA,引物片段1和2各90 ng,模板DNA 0.1 μg,[α-^{32}P]-dCTP 1.5×10^6 Bq,dATP、dGTP和dTTP各200 μmol/L。标记反应包括以下三个步骤。

(1) 变性。反应管在95 ℃水浴5 min,然后离心。

(2) 退火。37 ℃水浴2 min。

(3) 延伸。加入DNA聚合酶Ⅰ 1 U,37 ℃水浴18 min。重复上述变性、退火、延伸过程1~2次,分别进行其标记率测定:取0.5 μL反应液,分别点于两张滤纸片上,烤干。一张经0.6 mol/L三氯乙酸(TCA)、0.3 mol/L TCA依次洗涤,每次10 min,然后用无水乙醇、醇醚混合液和乙醚洗涤各5 min。将两张滤纸分别放入闪烁瓶内,测定放射性比活度,达到10^8次/(min·μg(DNA))以上。

5. 聚合酶链式反应(PCR)标记法

在0.5 mL离心管内进行,反应总体积为50 μL,内含模板DNA 350 ng,DNA引物各50 pmol/L,dGTP、dCTP和dTTP各200 μmol/L,[α-^{32}P]-dATP 1.1×10^6 Bq,反应缓冲液(67 mmol/L Tris-HCl(pH 8.8)、2.5 mmol/L $MgCl_2$、6.7 mmol/L $(NH_4)_2SO_4$、10 mmol/L β-巯基乙醇、170 mg/L BSA、6.7 μmol/L EDTA和40 μL/mL二甲亚砜)50 μL。将反应管置于95 ℃水浴变性5 min后取出,加入Taq DNA聚合酶0.5~2 U,在旋涡混合器上混匀,稍离心,加入35 μL液状石蜡。65 ℃水浴2 min,取出,立即进入PCR循环:91 ℃变性30 s,51 ℃退火1 min,68 ℃延伸2 min。重复上述过程15次。最后将反应管在65 ℃水浴5 min。反应完成,加入酵母tRNA 10 μg。分别测定掺入和游离放射性计数,掺入率为97.4%。标记DNA探针经乙酸钠、乙醇沉淀后回收。将沉淀溶于10 mmol/L Tris-HCl、EDTA(pH 8.0)100 μL。用PCR方法标记的DNA探针特异性高,敏感性好,可测出的最低靶DNA量为10 fg,利用PCR还可以进行DNA探针的非放射性标记。

10.2.3 非放射性标记的核酸探针

放射性标记核酸探针在使用中的局限性促使非放射性标记核酸探针的研制迅速发展,非放射性标记核酸探针在许多方面已代替放射性标记核酸探针,推动分子杂交技术的广泛应用。

目前已形成两大类非放射性标记核酸技术，即酶促反应标记法和化学修饰标记法。

酶促反应标记探针是用缺口平移法、随机引物法或末端加尾法等把修饰的核苷酸如 Bio-11-dUTP 掺入 DNA 探针中，制成标记探针，其敏感度高于化学修饰标记法，但操作程序复杂，产量低，成本高。

化学修饰标记法是将不同标记物用化学方法连接到 DNA 分子上，方法简单，成本低，适用于大量制备(50 μg 以上)。如光敏生物素标记核酸方法，不需昂贵的酶，只需光照 10～20 min，生物素就结合在 DNA 或 RNA 分子上。

非放射性标记核酸探针方法很多，现介绍常用的几种方法。

1. 生物素标记核酸探针法

生物素标记的核苷酸是最广泛使用的一种，如 Bio-11-dUTP，可用缺口平移或末端加尾法。实验发现生物素可共价连接在嘧啶环的 5 位上，合成 TTP 或 UTP 的类似物。在离体条件下，这种生物素化 dUTP 可作为大肠杆菌多聚酶Ⅰ(DNA 酶Ⅰ)的底物掺入带有缺口的 DNA 或 RNA，得到生物素标记的核酸探针。此为缺口平移法。用标记在 DNA 上的生物素与链霉亲和素-酶(过氧化物酶或碱性磷酸酶)标记物进行检测。

缺口平移法标记生物素 DNA 探针，在硅化离心管(冰浴中)加下列反应液：

待标记 DNA(0.1 μg/μL)	5 μL
10×NTB	1 μL
DNase Ⅰ (2 pg/μL)	1 μL
消毒三蒸水	3 μL，总体积达 10 μL

混匀，37 ℃，15 min。10000 r/min 离心 1 min 后，放入冰浴中，加入下列反应液：

dNTP(ACG)(0.5 μg/mL)	2 μL
Bio-11-dUTP (0.5 μg/mL)	2 μL
10×NTB	4 μL
消毒三蒸水	31 μL

混匀，短时离心后，加入

DNA 聚合酶Ⅰ(5 μg/μL)	1 μL，总体积达 50 μL

混匀，14 ℃过夜(10 h 以上)，加入终止液 2 μL，经 Sephadex G-50 柱分离，回收生物素标记 DNA。

10×NTB 配法：500 mmol/L Tris-HCl，pH 7.5；100 mmol/L $MgCl_2$；80 mmol/L β-巯基乙醇；500 μg/mL BSA。

终止液配法：0.25 mol/L EDTA、10 mg/mL tRNA 和 10 mmol/L Tris-HCl(pH 7.5)。

缺口平移法标记探针时少量多次标记效果较好，即每次标记 DNA 不超过 1 μg Bio-11-dUTP，要浓贮，分装，－20 ℃保存，反复冻融时常会降解失活。

Bio-11-dUTP 贮存液：10 mmol/L，即将 100 μg Bio-11-dUTP 加入 11.6 μL Bio-11-dUTP 稀释液，分装成 3 μL/支，－20 ℃保存。

地高辛-dUTP 标记 DNA 也可按此法进行。

乙醇沉淀分离回收标记 DNA 比较方便，即加入 5 μL 4 mmol/L LiCl 溶液、125 μL 冷乙醇，混匀，－20 ℃下放置 30 min，12000 r/min 离心 5 min，去上清液，用 70%乙醇和无水乙醇洗沉淀物，倒置离心管，晾干，用 5 μL 消毒三蒸水溶解沉淀物(0.1 μg/μL)，－20 ℃下保存。用 LiCl 可较好地分离 DNA 和可溶性核苷酸，因为 dNTP 的锂盐在乙醇中的溶解度比钠盐的大。

2. 光敏生物素标记核酸探针法

光敏生物素有一个"连接臂",一端连接生物素,另一端有芳基叠氮化合物。在可见光照射下,芳基叠氮化合物可变成活化芳基硝基苯,很易与 DNA 或 RNA 的腺嘌呤 N(7)位置特异性结合,大约每 50 个碱基结合一个生物素分子,所以只用于标记 200 个核苷酸以上的片段。光敏生物素的乙酸盐易溶于水,与核酸形成的共价化合物很稳定。此法有以下优点:简便易行,快速省时,不需昂贵的酶和 dUTP 等;只需光照,探针稳定,−20 ℃可保存 12 个月以上。该法适用于 DNA 和 RNA、抗体和酶等的标记。在原位分子杂交、斑点杂交和 Southern 杂交中应用,其特异性和灵敏性较高,价廉易购,国内已有试剂盒供应。

标记方法:在一灭菌离心管中加待标记 DNA 5 μg,在暗室中加入 5 μg 光敏生物素,充分混匀,插入冰浴中,置于特制光源下 10 cm 处照射 20 min。加入 100 mmol/L Tris-HCl(pH9.0)、1.0 mmol/L EDTA溶液 10 μL 混匀。再加入等体积仲丁醇,混匀。离心(10000 r/min)1 min,吸去上层仲丁醇,弃去。再加入 25 μL 仲丁醇,重复提取游离的光敏生物素。吸去上层无色仲丁醇后,加入 5 μL 3 mol/L 乙酸钠溶液,充分混匀,加入 100 μL 冷无水乙醇充分混匀,沉淀标记 DNA,置于−20 ℃过夜(或−70 ℃ 15 min),15000 r/min 离心 20 min,沉淀物再用 70%乙醇洗一次,离心,抽干,溶于 0.1 mmol/L EDTA 或 TE 溶液中,测定探针浓度,分装,保存于−20 ℃。

3. 生物素-补骨脂素标记法

生物素-补骨脂素(biotin-psoralen)是另一种生物素光敏物质,在长波长紫外光照射下与嘧啶碱基发生光化学反应,加成到 DNA 中,去除小分子后,得到生物素标记核酸探针。此法可标记单链或双链 DNA 或 RNA,以及寡核苷酸。灵敏度与放射性探针相当。

标记方法:取 DNA 或片段 0.5 μg,加入 50 μL TE 缓冲液(pH8.0)中,再加入 5 μg 生物素-补骨脂素,溶解后,置于 365 nm 紫外光下,距离 5 cm,直接照射 20 min,加等体积 TE,移入用 TE 平衡的 Sephadex G-50 柱(高 1.0 cm),离心法过柱,收集液体,即为 Bio-DNA 探针。

4. 生物素-α-氨基乙酸-N-羟基琥珀标记化学修饰的 DNA 法

此法是在亚硫酸盐催化下,生物素酰肼可置换寡核苷酸探针中胞嘧啶上的氨基,使生物素结合到 DNA 分子上而制成生物素化 DNA 探针。此法优点是采用通用试剂和技术,灵敏度高。Vicied 等指出 DNA 和 RNA 中胞嘧啶 N(4)位置在亚硫酸氢盐存在下可用乙二胺"连接臂"修饰,此过程也可能介导 C(6)位的磺酸盐组分。在合适的条件下,可有 3%~4%的碱基被修饰。新鲜配制亚硫酸氢钠-乙二胺(两者含量分别为 1 mol/L 和 3 mol/L)混合液(pH 6.0),加入对苯二酚,使终浓度为 1 mg/mL。将 DNA 用超声波打成 500~800 bp 长的片段,煮沸变性,取 1 份 DNA 与 9 份上述混合液混合,42 ℃水浴 3.5 h。用 5 mmol/L 磷酸钠缓冲液(pH 8.5)在 40 ℃下充分透析,浓缩 DNA,再溶于 200 μL 0.1 mol/L 磷酸钠缓冲液(pH 8.5),加入 4 mmol/L 生物素-α-氨基乙酸-N-羟基琥珀酰亚胺酯,室温下反应 2 h,用含 150 mmol/L NaCl、1 mmol/L EDTA 的 10 mmol/L 磷酸钠缓冲液(pH 7.0),在 40 ℃下充分透析,纯化,−20 ℃保存。

5. 缺口平移法标记生物素 DNA 探针法(二步法)

取 HBV 质粒 DNA 0.5 μg、DNase Ⅰ(SABC)2 pg、10×NBT 1 μL,加三蒸水至体积为 10 μL,37 ℃保温 15 min;加 5 mmol/L dATP、dGTP、dCTP、Bio-11-dUTP 各 2 μL,10×NBT 4 μL,加三蒸水 2 μL,37 ℃保温 15 min;加三蒸水至体积为 49 μL,加 5 U/mL DNA 聚合酶Ⅰ 1

μL，混匀，14 ℃过夜，加 0.5 mol/L EDTA(pH8.0) 1 μL 终止反应。

已标记探针的提纯：取 10 mg/mL tRNA 2 μL、10 mmol/L Tris-HCl(pH 7.5) 150 μL、2.5 倍体积的 95%乙醇，置于液氮中 15 min 或－20 ℃过夜。15000 r/min 离心 10 min，真空干燥后，溶于适量三蒸水中，即为纯化的探针，－20 ℃保存，备用。

使用闭环或线状双链质粒 DNA，或分离的双链 DNA 片段，均可进行此法标记，全质粒标记敏感度较高，因为标记物可同时掺入载体 DNA。此法也可用于放射性同位素和地高辛标记 DNA。

6. 生物素随机引物标记探针法

以 HBV DNA 为例。取 HBV DNA 质粒 0.5 μg、随机引物(Pharmacia)2 μg，加 TE 缓冲液(pH 8.0)至体积为 10 μL；100 ℃热变性 5 min，骤冷 10 min。加 10×缓冲液(500 mmol/L Tris-HCl(pH 6.6)、100 mmol/L $MgCl_2$、10 mmol/L β-巯基乙醇)，500 μg/mL BSA 5 μL，5 mmol/L dATP、dGTP、dCTP 各 1 μL，按不同比例加入 Bio-11-dUTP 和 dTTP，加三蒸水至体积为 48 μL，加 DNA 聚合酶(SABC)8 U，混匀，37 ℃保温 2 h，加 0.5 mol/L EDTA(pH 8.0) 2 μL 终止反应。

在随机引物标记体系中，加入不同梯度浓度比值的 Bio-11-dUTP 和 dTTP，发现二者比值明显影响探针标记率和显色灵敏度。Bio-11-dUTP 和 dTTP 的比值为 35%时，其标记率最高，显色灵敏度达 0.2 pg，杂交灵敏度为 1～2 pg。二步法缺口平移标记 HBV DNA 探针，其灵敏度低于随机引物标记。Mackeg 等证实了用随机引物标记探针具有放大效应。随机引物中加入一定比例的 dTTP，能增加 HBV DNA 探针的标记率和灵敏度。其灵敏度接近同位素标记探针的灵敏度。

7. 地高辛标记核酸探针

1988 年德国 Boehringer Mannheim 公司推出了一种地高辛(digoxigenin)标记 DNA 检测试剂盒。先将地高辛苷元通过一“手臂”连接至 dUTP 上，用随机引物法标记 DNA 制成探针。平均每 20～25 个核苷酸中标记一个地高辛苷元，然后用抗地高辛抗体的 Fab 片段与碱性磷酸酶的复合物和 NBt-BCIP 底物显色检测，灵敏度达 0.1 pg DNA，因此可做 1 μg 哺乳动物 DNA 中单拷贝基因分析。此种探针有高度的灵敏性和特异性，安全、稳定，操作简便，可避免内源性干扰，是一种很有推广价值的非放射性标记探针。

标记方法：

(1) 取一小离心管(0.5 mL)插入冰浴中，加入待标记 DNA 1 μg，95 ℃变性 10 min，迅速移入冰盐浴中 3 min。加入六核苷酸引物 2 μL、地高辛-dNTP 标记物 2 μL 和消毒双蒸水 10 μL、大肠杆菌 DNA 聚合酶Ⅰ Klenow 片段 1 μL。

(2) 短时离心，37 ℃温育至少 60 min(20 h 以内)。

(3) 加入 2 μL 0.2 mol/L EDTA 溶液终止反应。再加入 2.5 μL 4 mol/L LiCl 溶液和 75 μL 预冷的乙醇(－20 ℃)，－70 ℃保存至少 30 min 或－20 ℃过夜。

(4) 离心(12000*g*)10 min，弃上清液，再加入 70%乙醇(冷)40 μL 洗一次，离心，抽干，再溶于 50 μL TE 缓冲液(pH 8.0)中，分装，－20 ℃存放，备用。

8. 光敏 2,4-二硝基苯(光敏 DNP)标记 DNA 法

光敏 DNP 有一个“连接臂”，一端是 2,4-二硝基苯，另一端有芳基叠氮化合物。此法适用于含氨基检测基团。其敏感性和光敏生物素标记探针相同，检测时需要抗 DNP 抗体和免疫化学显色。

标记方法：

(1) 将 DNA 溶于水中，取 2～10 μg，加入二甲亚砜 25 μL，每微克 DNA 加入光敏 DNP 2 μg(在避光条件下)，混匀。

(2) 置于冰浴中，在特制灯下 10 cm 处照射 10 min。

(3) 加入水 165 μL、4 mol/L 乙酸钠溶液 20 μL 和异丙醇 50 μL，混匀。

(4) 用无水乙醇沉淀一次，晾干，按 50 μg/mL 溶于 200 μL 水中。当探针不溶时，可在 60 ℃水浴中加热 10 min，离心 5 min，除去不溶性杂质，分装，－20 ℃可保存 1～2 年。此法简便，不仅适用于核酸标记，也适用于蛋白质标记。

9. 三硝基苯磺酸(TNBS)标记核酸探针

在温和的条件下，TNBS 将核酸的胞嘧啶转化为 N-甲氧基-5,6-二氢嘧啶-6-磺酸盐衍生物，对胞嘧啶残基进行磺化修饰，制成磺化半抗原探针。此法十分简便，也可用于蛋白质标记。

标记方法：取变性的单链 DNA 5 μg，溶于 0.02 mol/L 硼酸钠缓冲液(pH 8.6)中，加入 5 μg TNBS 溶解，在室温中反应 1 h。移入冰浴中，加入无水乙醇和 70%乙醇各洗 1 次，晾干，用 50 μL 消毒双蒸水溶解，分装，－20 ℃保存，备用。

10. 生物素化的 RNA 探针标记

RNA 探针的敏感性比 cDNA 探针的高 10 倍以上，有许多优点。RNA 探针是单链，不需变性，也没有互补链的干扰，与靶基因杂交比 DNA 探针更稳定。Bio-11-dUTP 可通过 SP6、T3 和 T7 RNA 聚合酶掺入 RNA 转录子中。

标记方法：反应液体积为 50 μL，40 mmol/L Tris-HCl(pH 8.0)、8 mmol/L $MgCl_2$、2 mmol/L 亚精胺、25 mmol/L NaCl、1 mmol/L ATP、1 mmol/L GTP、1 mmol/L CTP、1 mmol/L Bio-11-dUTP、500 ng 模板、45 U T3 RNA 聚合酶。混合，37 ℃反应 1 h。加入 10% SDS 终止反应。凝胶过滤分离标记 RNA 探针。

11. 辣根过氧化物酶标记核酸探针法

此法标记原理如下：

标记试剂　　　　戊二醛　　　　变性 DNA

$$\text{HRP—PBO—PEI—NH}_2 + \underset{\text{H}}{\overset{\text{O}}{\text{C}}}\text{—CH}_2\text{—CH}_2\text{—CH}_2\text{—}\underset{\text{H}}{\overset{\text{O}}{\text{C}}} + \text{DNA}$$

$$\longrightarrow \text{HRP—PBO—PEI—N}=\underset{\text{H}}{\text{C}}\text{—CH}_2\text{—CH}_2\text{—CH}_2\text{—}\underset{\text{H}}{\text{C}}=\text{N—DNA}$$

标记的 HRP 部分催化底物化学发光反应。常用的化学发光剂为氨基苯二甲酰肼或氨基苯二甲酸。这种方法就是利用特殊的酶底物，氧化后把产生的能量转变为光能放出，称为化学发光。杂交后与探针结合的酶催化相应的发光剂，经增强剂(酚、萘及胺类等)将光能放大，在 X 光片上显示杂交信号。此方法灵敏度与同位素标记相当，简便、快速、安全，是一种特异性强的检测手段，具有广泛的应用前景。

HBV DNA 的 HRP 标记方法：质粒中插入 HBV 全基因组 DNA，长 3.2 kb，载体为 pBR322 质粒，4.3 kb。将质粒 DNA 用三蒸水稀释至 10 ng/μL，取 20 μL 放入离心管，100 ℃变性 5 min，加入 20 U HRP 标记试剂，混匀，加入戊二醛 20 μL，混匀，37 ℃温育 10 min，此时

可立即使用，或放在冰浴中 15 min 内使用，或加入 50%去离子水甘油 −20 ℃保存供分子杂交用，可存放 6 个月。

12. 用聚合酶链式反应标记高活性 DNA 探针法

聚合酶链式反应(PCR)或称体外基因倍增技术，它利用一对位于待扩增的 DNA 序列两端的取向相对的 DNA 引物，在 DNA 聚合酶的介导下，经过变性、退火和延伸过程的多次循环，大量合成靶 DNA 序列。在标记 dNTP 存在时，经 PCR 产生的靶 DNA 片段均掺入了标记物，用此法标记的探针标记率高达 97.4%。此法重复性好，简便、快速，特异性强，对模板 DNA 的纯度无要求，可以大量制备。此法有普遍应用价值。

标记方法：待标 DNA 模板 1 ng，50 mmol/L KCl，10 mmol/L Tris-HCl(pH8.4)，2.5 mmol/L $MgCl_2$，dATP、dCTP、dGTP 各 200 μmol/L，dTTP 150 μmol/L，Bio-11-dUTP 50 μmol/L，引物各 1 μmol/L，明胶 200 μg/mL，2 U Taq DNA 聚合酶，总体积为 100 μL。混匀后，加液状石蜡封顶，94 ℃和 55 ℃各 2 min，72 ℃ 3 min，经 25 次循环后，可产生 5～10 μg 标记探针，需时仅 4 h。乙醇沉淀扩增产物后，溶于 100 μL TE 缓冲液中，分装，−20 ℃保存。

10.2.4　寡核苷酸探针的制备

1. 寡核苷酸探针的优点

利用寡核苷酸自动合成仪，可很方便地制备寡核苷酸探针(如 15～50 bp)。这类探针具有以下优点：

(1) 短探针比长探针杂交速度快，特异性强；

(2) 可以在短时间内大量制备；

(3) 在合成中进行标记制成探针；

(4) 可合成单链探针，避免了用双链 DNA 探针时在杂交中的自我复性，提高杂交效率；

(5) 寡核苷酸探针可以检测小 DNA 片段，在严格的杂交条件下，可用于检测在序列中单碱基对的错配。

因此，寡核苷酸探针的研究，对于提高核酸杂交技术的特异性和敏感性，扩大应用范围有重要意义。

2. 常用的寡核苷酸探针分类

常用的寡核苷酸探针有以下三种：

(1) 特定序列的单一寡核苷酸探针；

(2) 较短的简并度较高的成套寡核苷酸探针；

(3) 较长而简并度较低的成套寡核苷酸探针，多用 ^{32}P 标记寡核苷酸探针。

①通过 T4 噬菌体多核苷酸激酶催化的磷酸化反应标记合成的寡核苷酸探针，在合成寡核苷酸时 5′端缺少一个磷酸基，因而易用 T4 噬菌体多核苷酸激酶进行磷酸化反应，而将 α-^{32}P 从[α-^{32}P]ATP 转移至其 5′端。这种磷酸化反应最多能使每一寡核苷酸分子中掺入一个 ^{32}P 原子。

②用大肠杆菌 DNA 聚合酶Ⅰ Klenow 片段标记合成的寡核苷酸探针(图 10-1)，其比活性更高，每一寡核苷酸分子可带有若干个放射性原子，放射性比活度可高达 2×10^{10} 次/(min · mg)。

3. 寡核苷酸探针的非放射性标记方法

寡核苷酸探针非放射性标记时，可用以下几种方法。

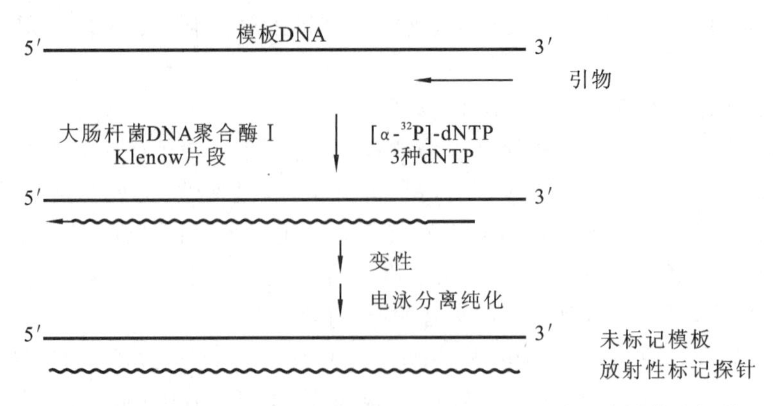

图 10-1 大肠杆菌 DNA 聚合酶Ⅰ Klenow 片段标记合成寡核苷酸探针

(1) 酶延伸法。合成与探针目的基因的3′端一段互补的寡核苷核序列,此序列的5′端多加一个A,与目的基因片段退火,再用 Klenow 酶延伸,使 Bio-dUTP 掺入探针的3′端。

(2) 5′-磷酸末端标记法。带5′-磷酸的寡核苷酸探针,在咪唑缓冲液中用水溶性碳二亚胺(EDC)处理,可生成活性的磷酸咪唑中间体,与过量的乙二胺作用,就可以引入一个带氨基的“连接臂”。用活化生物素标记就可以得到5′-磷酸标记的寡核苷酸探针。

(3) 酶标探针法。用双功能连接剂如辛二酸双羟基琥珀亚胺酯连接寡核苷酸和碱性磷酸酶,可以生成1∶1的酶标寡核苷酸探针。此法省略了生物素-亲和素中间步骤,可减少非特异性反应。

(4) 生物素酰肼胞嘧啶修饰法。在亚硫酸盐催化下,生物素酰肼可置换寡核苷酸探针中胞嘧啶上的氨基而得到生物素化寡核苷酸探针。

(5) 寡核苷酸的酶促加尾标记法。在末端转移酶的作用下,用非放射性物质修饰的核苷酸(Bio-dATP、Bio-dUTP、地高辛-dUTP)可加到 DNA 的3′端,每个探针 DNA 可加上10～20个修饰碱基。

10.2.5 基于核酸特征结构设计的小分子探针

1953年,Waston 和 Crick 基于 DNA 的 X 射线衍生图和 DNA 的物理化学特征提出了 DNA 双螺旋结构模型。很多小分子识别探针是基于 DNA 的结构进行设计,主要识别位点包括糖环聚合连成的阴离子磷酸骨架及核苷酸链之间的沟区。DNA 由含氮碱基、五碳糖和带负电荷的磷酸根组成,使得 DNA 双螺旋结构中含有大量的负电荷,因此带有阳离子的小分子探针能够通过静电作用靶向 DNA。此外,DNA 骨架结构主要包括大沟槽(major groove)、小沟槽(minor groove)及 DNA 碱基对之间的嵌层。根据靶向位点的差异,核酸探针主要分为三大类:外围靶向型、嵌层靶向型、沟槽靶向型。其中,外围靶向型的代表探针是 TOTO 系列,嵌层靶向型的代表探针是溴化乙锭、碘化丙锭、TO-PRO 系列,沟槽靶向型的代表探针为 DAPI 和 Hoechst 系列。

TOTO 系列是一类对称的花菁染料,通常在结合 DNA 外围的时候形成二聚体,是外围靶向型探针的典型代表。它的代表结构是对称的 TOTO-1 碘化物,在其分子两边的苯并噻吩位置带有2个正电荷,中间连接的位置含有2个季铵离子,因此 TOTO 系列的分子结构通常带有4个正电荷,与 DNA 的结合力非常紧密。研究人员发现 TOTO 系列对双链 DNA、单链 DNA 和 RNA 都具有高亲和力。与核酸结合前,TOTO 分子荧光较弱,一旦与核酸结合,其荧光会有 100～1000 倍的增强效应，是一类点亮型的探针分子。

溴化乙锭和碘化丙锭（propidium iodide，PI）是嵌层靶向型核酸探针的代表，能够插入 DNA 的碱基对中。这两种物质既与 DNA 有较高的亲和力，也与 RNA 有较高的亲和力。另外一类嵌层靶向型的核酸探针是 TO-PRO 系列，这类分子含有单花菁结构，带有 2 个正电荷，其与双链 DNA 的结合力弱于 TOTO 系列。

DAPI 即 4′，6-二脒基-2-苯基吲哚，是沟槽靶向型核酸探针的代表，能结合到双链 DNA 的小沟槽区域，其分子主体结构是吲哚接苯环，带有 2 个正电荷。DAPI 对双链 DNA 具有非常高的亲和力，但对单链 DNA 和 RNA 几乎没有亲和力。另一种沟槽靶向型的探针分子是 Hoechst 系列，这是一类具有双苯酰亚胺结构的分子，分子中带有 3 个正电荷。与 DAPI 一样，它们也是靶向 DNA 的小沟槽区域。

10.2.6　核酸探针的纯化方法

1. 沉淀法（适用于 18 bp 以上的探针）

（1）向标记反应混合物（20 μL）中加入 40 μL 水。

（2）加入 240 μL NH_4Ac 溶液（5 mol/L），混匀。

（3）加入 750 μL 用冰预冷的无水乙醇，0 ℃下放置 30 min。

（4）0 ℃ 12000 r/min 离心 20 min，沉淀标记探针，弃上清液。

（5）加入 500 μL 75%乙醇，振荡后离心（12000 r/min）5 min，弃上清液，空气中干燥。

（6）将沉淀重溶于水中，备用。

2. 柱层析法

（1）取 5 mL 玻璃或塑料吸管，管口用纤维填塞。

（2）装 Sephadex G-50 凝胶，用 3 倍柱体积的 STE 洗脱。

（3）将标记的 DNA 探针上样，样品进入凝胶后，加 STE 洗脱。

（4）分管收集流出液，每管 200 μL，标记探针在第一放射峰中，弃其余部分。

（5）合并第一放射峰数管洗脱液，体积过大时可用乙醇沉淀。

实验 11　核酸探针制备和纯化

一、实验目的与内容

了解非放射性标记探针的原理与应用，掌握生物素标记探针的实验方法。

二、实验原理

互补的核苷酸序列通过 Walson-Crick 碱基配对形成稳定的杂合双链 DNA 分子的过程，称为杂交。杂交过程是高度特异性的，可以根据所使用的探针已知序列进行特异性的靶序列检测。杂交的双方是所使用的探针和要检测的核酸。该检测对象可以是克隆化的基因组 DNA，也可以是细胞总 DNA 或总 RNA。根据使用的方法，被检测的核酸可以是提纯的，也可以在细胞内杂交，即细胞原位杂交。探针必须经过标记，以便示踪和检测。使用最普遍的探针标记物是同位素，但由于同位素的安全性问题，近年来发展了许多非同位素标记探针的方法，如生物素标记核酸探针等。

核酸分子杂交具有很高的灵敏度和高度的特异性，因而该技术在分子生物学领域中已广泛地使用于克隆基因的筛选、酶切图谱的制作、基因组中特定基因序列的定性与定量检测和疾病的诊断等方面。因而它不仅在分子生物学领域中具有广泛的用途，而且在临床诊断上的应用也日趋增多。

在标准的缺口平移实验体系中，Bio-11-dNTP 取代了 dNTP，DNA 酶 Ⅰ 的浓度调整到可生成 100～500 个核苷酸的范围，其他生物素酰化的核苷酸也可代替 Bio-11-dNTP。

三、实验仪器、材料和试剂

1. 仪器

注射器、电泳仪、离心机、培养箱、分光光度计、摇床、浅盘等。

2. 材料

DNA。

3. 试剂

10×大肠杆菌 DNA 聚合酶 Ⅰ 缓冲液、0.5 mmol/L Bio-11-dNDP 贮存液、DNA 酶 Ⅰ 贮存液、琼脂糖凝胶、生物素酰化随机多聚体、70%乙醇、Sephadex G-50 离心柱、DNA 稀释缓冲液、清洗缓冲液(washing buffer)、亲和素-AP 交联物、50 mg/mL BCIP、大肠杆菌 DNA 聚合酶 Ⅰ、dNTP、2-巯基乙醇、生物素、甘油、NaCl、EDTA、SDS 缓冲溶、无水乙醇、Klenow 酶、LiCl、碱性磷酸酶缓冲液(pH7.5)、封阻液、牛血清白蛋白、TE 缓冲液(pH 8.0)、NBT 等。

四、实验步骤和方法

1. 缺口平移法

(1) 取以下物质并混合：

① 10 μL 10×大肠杆菌 DNA 聚合酶 Ⅰ 缓冲液；

② 10 μL 0.5 mmol/L 3dNTP 混合液；

③ 10 μL 0.5 mmol/L Bio-11-dNTP 贮存液；

④ 10 μL 0.5 mmol/L 2-巯基乙醇；

⑤ 2 μg DNA；

⑥ 20 U 大肠杆菌 DNA 聚合酶 Ⅰ；

⑦ DNA 酶 Ⅰ 贮存液，用前用冷水稀释 1000 倍；

⑧ 加水到 100 μL，15 ℃温育 2～2.5 h。

(2) 取 6 μL 反应液，煮沸 3 min，冰浴 2 min。

(3) 加样于琼脂糖凝胶，同时带相对分子质量标准对照，在 15 V/cm 电压降下电泳。

(4) 若消化的 DNA 大小在 100～500 bp，接步骤(5)继续，若大小在 500～1000 核苷酸(或更大)，加入第二份 DNA 酶 Ⅰ 贮存液继续温育。

(5) 加入 2 μL 0.5 mol/L pH 8.0 的 EDTA 和 1 μL 10%SDS，68 ℃加热 10 min 终止反应并灭活 DNA 酶 Ⅰ 贮存液。

(6) 在 1 mL 注射器中准备 Sephadex G-50 离心柱，用 2 mL 无水乙醇清洗注射器和硅化的玻璃棉。

(7) 接着用4 mL水冲洗，将Sephadex G-50装入注射器至刻度，用100 μL SDS缓冲液洗3～4次，上样。

(8) 分离生物素酰化的探针。探针浓度应约为20 ng/μL，探针可直接使用，也可在－20 ℃保存数年而不丧失活性。

(9) 用比色法估计生物素酰化反应的程度和探针的质量，或进行化学发光检测。

2. 寡核苷酸随机引物合成法

(1) 在1.5 mL离心管中加入500 ng～2 μg模板DNA，加水至总体积为34 μL。

(2) 在沸水中使DNA变性5 min，冰浴5 min，稍加离心。

(3) 按顺序加入下列溶液：

① 10 μL生物素酰化随机多聚体；

② 5 μL dNTP-生物素混合物；

③ 1 μL Klenow酶(5 U)。

37 ℃温育1 h。

(4) 加入3 μL 0.5 mol/L EDTA(pH 8.0)以终止反应。加入5 μL 4 mol/L LiCl溶液和150 μL冰冷的无水乙醇，冰浴30 min。

(5) 室温高速离心10 min，沉淀用70%乙醇洗涤。

(6) DNA用20 μL pH7.5的TE缓冲液重悬。用比色法或化学发光法评估生物素酰化反应的效果。

3. 检测探针标记效率

与放射性标记探针的比活性不同，生物素标记探针的可检出性在于每千碱基对中掺入的生物素分子的数量，可以用比色法或化学发光法检测。

(1) 处理待测DNA。用DNA稀释缓冲液，稀释生物素酰化标准DNA，浓度分别为0 pg/μL、1 pg/μL、2 pg/μL、5 pg/μL、10 pg/μL和20 pg/μL。以同样稀释液处理待测DNA。

(2) 对于硝酸纤维素滤膜，每个稀释度取1 μL点膜，在80 ℃烘干约1 h，接步骤(4)。

(3) 对于尼龙膜，每个稀释度取1 μL点膜，晾干后用紫外照射法将DNA交联至膜上。接步骤(4)或用化学发光法检测。洗膜：用清洗缓冲液(washing buffer)洗膜，适度振摇5 min。

(4) 用少量碱性磷酸酶缓冲液(pH7.5)洗膜1 min，在密封袋内(剪成合适大小)用10 mL封闭液37 ℃封闭1 h，注意排出气泡。

(5) 将10 μL亲和素-AP交联物加至10 mL碱性磷酸酶缓冲液(pH 7.5)中稀释，剪去封闭袋一角，挤出封闭液，用亲和素-AP交联物代替，重新封口，在旋转平台室温摇荡10 min。

(6) 从袋中取出滤膜，移到一个浅盘中，用200 mL碱性磷酸酶缓冲液(pH 7.5)洗2次，每次15 min。再用200 mL碱性磷酸酶缓冲液(pH 7.5)洗1次，轻微摇荡10 min。

(7) 加入33 μL 75 mg/mL NBT至碱性磷酸酶缓冲液(pH 7.5)中，混匀。再加入25 μL 50 mg/mL BCIP，混匀。

(8) 显色：在浅盘中避光温育溶液，不时观察，直至发色达到满意程度为止。

(9) 加TE(pH8.0)以终止反应，比较待测DNA样品和标准DNA的颜色强度，以确定生物素标记的dNTP的掺入效率。如果该探针的强度至少达到标准品的一半，它可作为探针用于原位杂交。

五、作业与思考题

(1) 简述核酸探针标记的主要方法。

(2) 简述分子杂交中常用的核酸探针的类型。

实验 12　菌落原位杂交法

一、实验目的与内容

理解菌落原位杂交的原理,掌握菌落原位杂交的方法。

二、实验原理

菌落原位杂交是将细菌从培养平板转移到硝酸纤维素滤膜上,然后将滤膜上的菌落裂菌以释出 DNA。将 DNA 烘干固定于膜上与 ^{32}P 标记的探针杂交,放射自显影检测菌落杂交信号,并与平板上的菌落对位。

三、实验仪器、材料和试剂

1. 仪器

恒温烘箱、恒温水浴装置、台式高速离心机、培养箱、放射自显影成像仪等。

2. 材料

待检测的细菌平皿、已标记好的探针、硝酸纤维素滤膜、无菌牙签、注射器、Parafilm 膜、保鲜膜、塑料盘、玻璃皿、抗生素、增感屏等。

3. 试剂

LB 固体培养基、0.5 mol/L NaOH 溶液、1 mol/L Tris·Cl(pH7.4)、1.5 mol/L NaCl 溶液、0.5 mol/L Tris·Cl、2×SSC、0.1% SDC、预洗液(5×SSC、0.5%SDS、1 mmol/L EDTA(pH8.0))、预杂交液(50%甲酰胺、6×SSC(或 6×SSPE)、0.05×BLOTTO)等。

四、实验步骤和方法

1. 将少数菌落转移到硝酸纤维素滤膜上

(1) 在含有选择性抗生素的琼脂平板上放一张硝酸纤维素滤膜。

(2) 用无菌牙签将各个菌落先转移至滤膜上,再转移至含有选择性抗生素但未放滤膜的琼脂主平板上。应按一定的格子进行划线接种(或打点)。每菌落应分别划线于两个平板的相同位置上。最后,在滤膜和主平板上同时划出一个含有非重组质粒的菌落。

(3) 倒置平板,于 37 ℃培养至划线的细菌菌落生长到 0.5~1.0 mm 的宽度。

(4) 用已装防水黑色绘图墨水的注射器针头穿透滤膜直至琼脂,在 3 个以上的不对称位置做上标记。在主平板大致相同的位置上也做上标记。

(5) 用 Parafilm 膜封好主平板,倒置,4 ℃下存放,直至获得杂交反应的结果。

2. 菌落的裂解及DNA结合于硝酸纤维素滤膜

(1) 在一张保鲜膜上制作一个装有0.5 mol/L NaOH溶液的小洼(0.75 mL),使菌落面朝上,将滤膜放到小洼上,展平保鲜膜,使滤膜均匀湿润,让滤膜留于原处2~3 min。

(2) 用干纸巾从滤膜的下方吸干滤膜,用一张新的保鲜膜和新配制的0.5 mol/L NaOH溶液重复步骤(1)。

(3) 吸干滤膜,将滤膜转移到新的带有1 mol/L Tris·Cl(pH7.4)的保鲜膜小洼上。5 min后吸干滤膜,再重复一次该步骤。

(4) 吸干滤膜,把它转移到有1.5 mol/L NaCl、0.5 mol/L Tris·Cl(pH7.4)的保鲜膜小洼上,5 min后吸干滤膜,转移到一张干的滤纸上,室温下放20~30 min,使滤膜干燥。

(5) 将滤膜夹在两张干的滤纸之间,在真空烘箱中于80 ℃干烤2 h,固定DNA。

(6) 将固定在膜上的DNA与^{32}P标记的RNA进行杂交。

3. 杂交

(1) 盛有2×SSC的塑料盘中,将干烤过的滤膜飘浮在液面上,彻底浸湿5 min。

(2) 将滤膜转到盛有200 mL预洗液的玻璃皿中。滤膜可叠在一起,放于溶液中。用保鲜膜盖住玻璃皿,放到位于培养箱内的旋转平台上。50 ℃处理30 min。在这一步及以后的所有步骤中,应缓缓摇动滤膜,防止它们粘在一起。

(3) 用泡过预洗液的吸水棉纸轻轻地从膜表面拭去细菌碎片,以降低杂交背景值而不影响阳性杂交信号的强度和清晰度。

(4) 将滤膜转到盛有150 mL预杂交液的玻璃皿中,在适宜温度(在水溶液中杂交时用68 ℃,而在50%甲酰胺中杂交时用42 ℃)下,预杂交1~2 h。(**★预杂交时,在滤膜表面常会形成小气泡,轻轻晃动袋中液体即可除去这些小气泡,这一点对于保证滤膜表面充分浸润预杂交液很重要。**)

(5) 将标记的双链DNA探针于100 ℃加热5 min,迅速置于冰浴中。单链探针不必变性。将探针加到杂交袋中杂交过夜。杂交期间,盛滤膜的容器应盖严,以防液体蒸发。

(6) 杂交结束后,去除杂交液,立即于室温把滤膜放入大体积(300~500 mL)的2×SSC和0.1% SDS中,轻轻振摇5 min,并将滤膜至少翻转一次。重复洗一次,同时应避免膜干涸。

(7) 68 ℃用300~500 mL 1×SSC和0.1% SDS的溶液洗膜2次,每次1~1.5 h。此时已可进行显色或显影。如背景值很高或实验要求严格的洗膜条件,可用300~500 mL 0.2×SSC和0.1% SDS的溶液于68 ℃将滤膜浸泡60 min。(**★杂交反应若在68 ℃水浴中进行,所需时间视探针和检测靶DNA的性质及探针的比活性等而定,一般为4~20 h。**)

(8) 把滤膜放在纸巾上于室温晾干后,把滤膜(编号面朝上)放在一张保鲜膜上,并在保鲜膜上做几个不对称的标记,以使滤膜与放射性自显影片位置对应。

(9) 用第二张保鲜膜盖住滤膜。加X光片并加上增感屏于−70 ℃曝光12~16 h。(**★非放射性检测方法前已述及,此处主要介绍放射性测定方法。固相膜的放射性杂交结果显示有两种方式:一种是放射性自显影法,另一种是液闪计数法。前一种方法比较简单,只需将杂交膜与X光片在暗盒中曝光数小时至数天,再显影、定影即可,对于杂交信号较弱的固相膜,用一块增感屏可显著增加曝光强度。**)

(10) 底片显影后,在底片上贴一张透明硬纸片。在纸上标记阳性杂交信号的位置,同时在不对称分布点的位置上做上标记。可从底片上取下透明纸,通过对比纸上的点与琼脂上的点来鉴定阳性菌落。

五、作业与思考题

简述菌落原位杂交的主要方法。

实验 13　miRNA 原位杂交

一、实验目的与内容

理解 miRNA 原位杂交的原理,掌握 miRNA 原位杂交的方法。

二、实验原理

原位杂交(in situ hybridization)是用已知的具有特异序列的单链探针通过碱基互补配对原则,与待测的核酸复性结合,形成可被检测的杂交双链核酸,并通过探针上所标记的检测系统(放射性同位素、荧光素、生物素等)将所测核酸在其原来位置显示出来。miRNA 原位杂交技术是研究 miRNA 空间分布和不同 miRNA 分布组合的有效方法。

三、实验仪器、材料和试剂

1. 仪器

恒温孵育箱、荧光显微镜、烘箱、切片机、展片机、烤片机、水浴锅、杂交炉等。

2. 材料

载玻片、盖玻片、湿盒等。

3. 试剂

DEPC 水、甘氨酸、Hoechst 33258、二甲基甲酰胺、多聚甲醛(PFA)、二甲苯、乙醇、PBS、PBST、蛋白酶 K 缓冲液、蛋白酶 K、肝素、杂交缓冲液、地高辛标记的核酸 miRNA 探针、20×SSC、封闭缓冲液、酵母 tRNA、抗地高辛碱性磷酸酶标记 Fab 抗体片段(anti-Dig-AP Fab)、碱性磷酸酶缓冲液、显色液、氯化硝基四氮唑蓝(NBT)、5-溴-4-氯-3-吲哚-磷酸盐(BICP)、左旋咪唑、甘油明胶封片液、指甲油等。

四、实验步骤和方法

1. 杂交前标本处理

(1) 将石蜡包埋的组织切片在 50 ℃烘箱中烘 2～3 h,至石蜡熔化。

(2) 迅速放入二甲苯溶液中浸泡 15 min。

(3) 脱蜡后依次放入 100%(10 min)、75%(5 min)、50%(5 min)、25%(5 min)乙醇中处理,使组织切片完全水化。

(4) 将脱蜡、水化后的切片放入 DEPC 水中清洗。

(5) 用 PBS 洗片 2 次,每次 5 min。

(6) 在蛋白酶 K 缓冲液中加入蛋白酶 K 配制酶消化液,用蛋白酶 K 溶液(10 μg/mL)消化组织切片。

(7) 在含0.2%甘氨酸的PBS中洗30 s，而后用PBS洗片2次，每次30 s。

(8) 用4%多聚甲醛固定15 min，用PBS洗片2次，每次5 min。

2. 预杂交处理

杂交前用不含核酸探针的预杂交缓冲液温育组织切片，能够封闭标本中存在的非特异性结合位点，达到降低背景染色的目的。在1 mL杂交液中加入肝素(终浓度为50 μg/mL)，加入酵母tRNA(终浓度为500 μg/mL)，配制预杂交缓冲液，而后在组织切片上加入100 μL预杂交缓冲液，封片，置于湿盒中室温预杂交2 h。

3. 杂交反应

(1) 核酸探针在90 ℃恒温水浴中变性4 min，在杂交缓冲液中加入核酸探针(终浓度为30 nmol/L)，每个组织切片加入200 μL，封片，在温度为55 ℃的恒温孵育箱里杂交过夜。

(2) 在杂交温度下用2×SSC洗片，每次15 min，共3次。

(3) 室温下用PBST洗片5次，每次5 min，而后加入封闭缓冲液(含2%羊血清和2 mg/mL BSA的PBST)，室温封片1 h。

4. 显色成像

(1) 在1 mL封闭缓冲液中加入1～2 μL anti-Dig-AP Fab，而后加到组织切片上，4 ℃温育过夜。

(2) 用PBST洗片，每次5 min，共5次。

(3) 用碱性磷酸酶缓冲液(100 mmol/L Tris-HCl(pH9.0)，50 mmol/L $MgCl_2$，100 mmol/L NaCl，0.1% Tween 20)浸泡15 min。

(4) 加显色液(10 mL碱性磷酸酶缓冲液，45 μL 75 mg/mL NBT(溶于70%二甲基甲酰胺)，35 μL 50 mg/mL BICP(溶于二甲基甲酰胺)，2.4 mg左旋咪唑)，显色1 h，室温下用PBS洗片10 min。

(5) 用PBS洗片终止反应，用Hoechst 33258(10 μg/mL)染色5 min，用PBS洗片2次，每次5 min。

(6) 为了长期保存染色样本，在室温下将切片放在4% 多聚甲醛中浸泡10 min。

(7) 用甘油明胶封片液固定切片，并用指甲油密封切片。

(8) 用荧光显微镜进行图像拍摄。

五、作业与思考题

1. 作业

简述miRNA原位杂交的应用。

2. 思考题

miRNA原位杂交的难点是什么？

第三部分

分子生物学综合性、研究性实验

第 11 章 外源基因的表达

11.1 外源基因在原核生物中的表达

11.1.1 外源基因在大肠杆菌中的表达

大肠杆菌表达系统是基因表达技术中发展最早、目前应用最广泛的经典表达系统。1980 年 Guarante 等在《科学》杂志上发表了以质粒、乳糖操纵子为基础建立起来的大肠杆菌表达系统，这一发明构成了大肠杆菌表达系统的雏形。随着 20 世纪 80 年代后期分子生物学技术的不断发展，大肠杆菌表达系统也不断得到发展和完善。与其他表达系统相比，大肠杆菌表达系统具有遗传背景清楚、目的基因表达水平高、培养周期短、抗污染能力强等特点。大肠杆菌表达系统在基因表达技术中占有重要的地位，是分子生物学研究和生物技术产业化发展进程中的重要工具。

1. 表达系统

一个完整的大肠杆菌表达系统至少要有表达载体和宿主菌两部分。为了改善表达系统的性能和对各类外源基因的适应能力，表达系统有时还需要有特定功能基因的质粒或溶原化噬菌体参与。到目前为止，已经成功发展了许多表达载体和相应的宿主菌。

(1) Lac 和 Tac 表达系统。

最早建立并得到广泛应用的表达系统是以大肠杆菌 *lac* 操纵子调控机理为基础设计、构建的表达系统，称为 Lac 表达系统。*lac* 操纵子具有多顺反子结构。在无诱导物的情况下，负调节因子 *lacI* 基因产物与启动子下游的操纵区紧密结合，组织转录的起始。在诱导剂 IPTG 存在的情况下，与阻遏蛋白结合后，导致与操纵区的结合能力降低而解离出来，*lac* 操纵子的转录因此被激活。由于 *lac* 操纵子具有可诱导调控基因转录的性质，因此 *lacP*、*lacO* 和 *lacI* 等元件及其突变体(如 *lacUV5*)经常被用于表达载体的构建。*tac* 启动子是由 *trp* 启动子的 −35序列和 *lacUV5* 的 Pribnow 序列拼接而成的杂合启动子，适合于基因的高效表达。用 *tac* 启动子构建的表达系统称为 Tac 表达系统。

普通大肠杆菌中，LacI 阻遏蛋白仅能满足染色体上 *lac* 操纵子转录调控的需要，当带有强启动子的表达质粒转化进入大肠杆菌后，多拷贝 *lacO* 使得没有足够的阻遏蛋白 LacI 参与转录调控，本底表达较高。为了使 Lac 和 Tac 表达系统具有严格调控，一种能产生过量的 LacI 阻遏蛋白的 *lacI* 基因的突变体 $lacI^q$ 被应用于表达系统。大肠杆菌 JM109 等菌株的基因型均为 $lacI^q$，常被选为 Lac 和 Tac 表达系统的宿主菌。但在使用高拷贝数复制子构建表达载体时，仍能观察到较高水平的本底转录，还需在表达载体中插入 *lacI*^{q} 基因以保证有较多的 LacI 阻遏蛋白产生。目前不少商品化的表达载体是在 Lac 和 Tac 表达系统基础上加以改进和发展而来的。

Lac 和 Tac 表达系统用 IPTG 诱导转录，但由于 IPTG 本身具有一定的毒性，从安全角度而言，对表达和制备用于医疗目的的重组蛋白并不适合，一些国家也规定在生产人用的重组蛋白的生产工艺中不能使用 IPTG，于是人们想到将阻遏蛋白 LacI 的温度敏感突变株 *lacI*(*ts*) 应用于 Lac 和 Tac 表达系统。这些突变体基因插入表达载体或整合到染色体后，均能使 *lac*、*tac* 启动子的转录受到温度严格调控，在较低温度(30 ℃)时抑制，在较高温度(42 ℃)时开放。还可用乳糖替代 IPTG 诱导物。但其效率受到多种因素的影响和制约，因此乳糖诱导的有效剂量大大高于 IPTG。乳糖本身作为一种碳源可以被大肠杆菌代谢利用，较多的乳糖存在也会导致菌体生理及生长特性变化。乳糖代替 IPTG 作为诱导剂的研究要与发酵工艺结合起来，才能显示其良好的前景。

(2) P_L 和 P_R 表达系统。

以 λ 噬菌体早期转录启动子 P_L、P_R 为核心构建的表达系统称为 P_L 和 P_R 表达系统。启动子 P_L、P_R 具有很强的启动转录能力，利用它们来构建表达载体并控制外源基因的表达在大肠杆菌表达系统发展初期就已被提出来并加以研究。这两种表达系统利用温度敏感突变体 *c Ⅰ857* 的基因产物来调控 P_L、P_R 启动子的转录，它在较低温度(30 ℃)时以活性形式存在，在较高温度(42 ℃)时失活。这种表达载体在普通大肠杆菌中相当不稳定，这是由于菌体中没有 *c Ⅰ* 基因产物，P_L 或 P_R 启动子的高强度直接转录所导致。解决这个问题的办法之一是用溶原化 λ 噬菌体的大肠杆菌作为 P_L 和 P_R 启动子表达载体的宿主菌；办法之二是把 *c Ⅰ857*(*ts*) 基因组装在表达载体上，这样就可以有更大的宿主菌选择范围。由于 P_L 和 P_R 表达系统在诱导这一环节上不加入化学诱导剂，成本又低，因此最初几个在大肠杆菌中制备的药用重组蛋白质都采用 P_L 或 P_R 表达系统。这一表达系统也有其本身的缺陷，首先是在热刺激过程中，大肠杆菌热休克蛋白的表达也会被激活，其中一些是蛋白水解酶，有可能降解所表达的重组蛋白；其次是在大体积发酵培养菌体时，通过热平衡交换方式把培养温度从 30 ℃提高到 42 ℃需要较长的时间，这种缓慢的升温方式影响诱导效果，对重组蛋白的表达量有一定的影响。

(3) T7 表达系统。

大肠杆菌 T7 噬菌体具有一套专一性非常强的转录系统，利用这一系统中的元件为基础构建的表达系统称为 T7 表达系统。T7 噬菌体基因 1 编码的 T7 RNA 聚合酶选择性地激活 T7 噬菌体启动子的转录。它是一种高活性的 RNA 聚合酶，合成 mRNA 的速度比大肠杆菌 RNA 聚合酶快 5 倍，并可以转录某些不能被大肠杆菌 RNA 聚合酶有效转录的序列。在细胞中存在 T7 RNA 聚合酶和 T7 噬菌体启动子的情况下，大肠杆菌宿主本身基因的转录竞争不过 T7 噬菌体转录系统。最终受 T7 噬菌体启动子控制的基因的转录能达到很高的水平。根据上述特点，从 20 世纪 80 年代中期就有了以 T7 噬菌体基因元件构建的表达载体，启动子选用 T7 噬菌体主要外壳蛋白 *Φ10* 基因的启动子。pET 系列载体是这类表达载体的典型代表，以后出现的载体都是在它的基础上发展起来的。

T7 RNA 聚合酶的转录调控的模式决定了表达系统的调控方式。噬菌体 DE3 是 λ 噬菌体的衍生株，用噬菌体 DE3 的溶原菌如 BL21(DE3)、HMS174(DE3)等作为表达载体的宿主菌，调控方式为化学信号诱导性，类似于 Lac 表达系统。噬菌体 CE6 是 λ 噬菌体含有裂解缺陷突变和温度敏感突变的衍生株，其 T7 RNA 聚合酶基因处于 P_L 启动子控制下。噬菌体

CE6 转染宿主菌后可通过热脉冲诱导方式激发 T7 噬菌体启动子的转录。这种可在需要时才把 T7 RNA 聚合酶基因导入的方式可以使转录本底值降到很低的水平,尤其适用于表达对大肠杆菌宿主有毒性的重组蛋白质。

T7 表达系统表达目的基因的水平是目前所有表达系统中最高的,但也不可避免地有相对较高的转录本底值。如果目的基因产物对大肠杆菌宿主有毒性,就会影响它的生长。解决这一问题的办法之一就是在表达系统中低水平表达 T7 溶菌酶基因。因为 T7 溶菌酶除了作用于大肠杆菌细胞壁上的肽聚糖外,还与 T7 RNA 聚合酶结合,抑制其转录活性。目前 T7 溶菌酶基因都通过共转化质粒导入表达系统,它能明显降低转录本底值,但对诱导后目的基因的表达水平没有明显影响。

除了以上几种最常用的表达系统外,还有一些其他类型的表达系统,如营养调控型、糖原调控型、pH 调控型等。

近几年来,国内外大肠杆菌表达系统研究的重点已从构建各种表达载体、建立新的表达系统转移到完善现有的表达系统,解决表达系统中还存在的缺陷等方面。这些研究工作主要包括重组蛋白质的正确折叠、构象形成和分泌,菌体表面表达技术及其应用,重组蛋白质修饰加工研究等内容。

2. 目的蛋白表达的形式

目的蛋白在大肠杆菌表达系统中表达的形式有两种:一是在细胞内表现为不溶性的包含体颗粒;二是在细胞内表现为可溶性的蛋白质。包含体存在于大肠杆菌细胞质中,可溶性的蛋白质可存在于细胞质中,还可借助于本身的功能序列和大肠杆菌蛋白质的加工、运输体系,最终分泌到周质空间,或分泌到培养液中。由于包含体颗粒的形成,加上大肠杆菌对所表达的可溶性目的蛋白加工、运输的限制条件,目前的技术水平还不能使所有的目的蛋白都能够按照人们的意愿,在大肠杆菌特定的细胞部位进行表达。但已经建立和发展了一些行之有效的方法,可供选择使用。

迄今为止,已有大量有关大肠杆菌表达系统高效表达重组蛋白的研究。但是由于目的基因结构的多样性,要使各种基因在大肠杆菌表达系统获得高效表达,需要根据目的基因的具体情况,制定适当的表达策略,如表达质粒的优化设计、共表达大肠杆菌稀有密码子 tRNA 基因、提高目的基因 mRNA 和产物的稳定性、高密度发酵等。

表达载体的构建是实现高效表达的关键步骤。一个完整表达载体必须包含的元件有启动子、SD 序列、多克隆位点、终止子、筛选标记、复制原点等。一个理想的启动子需要具备以下特点:①具有强启动性,使重组蛋白达到菌体表达蛋白总量的 10%~30%;②必须受调节基因严格调控,在一定菌体浓度下开始诱导表达,否则,过量表达外源蛋白尤其是对细胞有毒性的蛋白会严重抑制菌体生长而使蛋白总表达量下降;③启动子的诱导要求简便而廉价。现在比较常用的是温度诱导和 IPTG 诱导。外源基因在强启动子的控制下表达,容易发生转录过头现象,因此有必要强化转录终止。目前在外源基因表达质粒中常用的终止子是来自大肠杆菌 rRNA 操纵子上的 *rrnT1T2* 以及 T7 噬菌体 DNA 上的 $T\varphi$。

表达载体拷贝数取决于复制起点。使用强启动子和高拷贝数质粒会降低宿主细胞的存活率,最终不一定能提高目的蛋白的产量。

大肠杆菌表达过程中,目的基因的 mRNA 迅速降解将严重影响蛋白表达。因此,设法提高 mRNA 的稳定性也是实现高效表达的重要策略。研究发现,通过选用缺乏某些特定 RNase(如 RNase Ⅱ)或者 PNPase 的宿主菌可以提高重组蛋白的表达量,然而这并非一定有效。

表达对宿主有毒性的重组蛋白时一定要使用严格调控的启动子，在菌体量达到一定浓度后启动转录，才能提高产量。SD 序列是与 mRNA 的 3′端互补便于翻译起始识别 RBS 部位，其与起始密码子 AUG 之间的 5～13 bp 距离影响翻译起始的效率。在翻译起始部位 mRNA 的二级结构严重影响表达的效率，通过降低 mRNA 的二级结构有效地提高表达水平，如在 RBS 部位富含 A 和 T 可以提高某种基因的表达，通过 SD 附近的碱基突变同样也可以抑制二级结构的形成，从而提高翻译的效率。

在真核和原核细胞的基因表达中发现同一密码子的使用具有非随机性，即有一定的偏好性。大肠杆菌中部分稀有密码子的利用率极低。含有大量稀有密码子的重组蛋白基因在表达时，由于缺乏某几种 tRNA，直接导致翻译错误或终止。有几种方法可以降低这种不利影响：第一，可以共表达编码稀有密码子对应 tRNA 的基因，使外源蛋白得到高效表达；第二，可以在不改变蛋白质的氨基酸序列下改造碱基序列，使密码子尽量满足宿主菌较高使用率的密码子；第三，可以选择表达低利用率的稀有密码子的宿主菌。

大肠杆菌高效表达外源蛋白时，容易形成包含体。因为包含体的复性操作复杂而且复性效率不高，所以包含体的形成是目的蛋白表达的一个难题。降低包含体的形成可以采用以下方法：在低温下培养细胞；采用不同的大肠杆菌宿主；更换蛋白质中某些氨基酸；共表达分子伴侣；添加山梨醇等造成渗透压；添加非代谢糖类；改变培养基 pH 等。将硫氧还原蛋白与目的蛋白结合将极大地提高目的蛋白在细胞质中的可溶性，防止包含体的形成。硫氧还原蛋白的同系物也用作融合伴侣来引导蛋白质向细胞周质的表达。融合蛋白的利用还可以提高胞外蛋白的表达总量，这是由于亲和性尾巴可以使目的蛋白免受蛋白酶的降解，改善蛋白质的折叠并提高 mRNA 的翻译效率。

重组蛋白的胞外表达可以防止胞内蛋白酶的降解，利于提取纯化，并且大肠杆菌细胞质是一个还原的环境，缺乏二硫键的形成机制，影响蛋白质三维结构的形成，但是大肠杆菌缺乏分泌机制，一般很少向胞外分泌，促进蛋白质胞外分泌的主要方法如下：① 利用 *E. coli* 自身存在的分泌途径；②通过添加信号肽、分子伴侣，改变营养条件或利用化学试剂使外膜缺陷渗漏表达，或利用外膜缺陷的突变株。重组蛋白向大肠杆菌的周质空间和胞外分泌都需要一段 15～30个氨基酸的信号肽引导蛋白质的转运，信号肽的结构对分泌功能有影响，合适的信号肽是实现胞外和周质空间表达的关键，现在主要依靠已有的研究经验来尝试不同的信号肽。

培养条件对重组蛋白的表达也是十分关键的，例如温度影响蛋白质产生的速度，从而影响蛋白质的正确折叠。温度较高时蛋白质来不及正确折叠，一般容易形成包含体，而温度低则影响细胞生长和蛋白质的产量。同样菌体浓度下，采用不同温度下诱导可以优化目的蛋白的产量与结构。发酵培养基的成分也会影响细胞生长和产物的合成。通过 *E. coli* 的高密度培养可以大大提高重组蛋白的产量。然而高密度培养的主要问题是积累大量乙酸，这种亲脂性物质不利于细胞生长。现在也有一些策略来降低乙酸的积累量，除了工艺条件控制外，构建产乙酸能力的工程化宿主菌是从根本上解决问题的途径之一。

11.1.2　外源基因在枯草杆菌中的表达

枯草杆菌表达系统中使用的质粒几乎都来自葡萄球菌的高拷贝数质粒 pUB110，及由此发展而来的 pHY300PLK。不使用大肠杆菌系统的 *lac* 启动子、操纵子元件，而采用枯草杆菌 SPO1 噬菌体启动子与大肠杆菌 β-半乳糖苷酶操纵子组成的调控元件，目的基因位于该调控元件下游，因此也可用 IPTG 诱导物来调控目的基因的表达。

枯草芽孢杆菌(*Bacillus subtilis*,简称枯草杆菌)属于革兰氏阳性菌,是一种非致病性的重要工业微生物,安全性高,可用于食品、药物等的工业生产。人们对其遗传背景和生理特性的了解仅次于*E. coli*。枯草杆菌作为表达系统的宿主菌,生长迅速,培养条件简单,遗传背景清楚,无明显的密码子偏好性,可直接将功能性胞外蛋白分泌到培养基中,且表达产物可溶、可正确折叠,并具有生物活性,同时表达产物与胞内蛋白分离,无须破碎细胞,有利于分离、纯化,是极具潜在应用前景的基因表达宿主。用枯草杆菌表达外源蛋白的早期问题是:细胞内的蛋白酶异常活跃,导致外源蛋白容易降解;表达的蛋白质因不能正确折叠而缺少活性。随着蛋白酶缺陷株、分子伴侣表达株的构建,利用枯草杆菌表达工程蛋白的研究和应用也逐渐增多。枯草杆菌表达系统已经成功表达了多种外源基因,广泛应用于工业生产。

1. 表达系统

由于大肠杆菌的氯化钙转化方法对枯草杆菌无效,因此枯草杆菌表达系统中的宿主菌株用得最广泛的是可进行感受态转化的168菌株及其突变体。随着非感受态转化方法(如原生质体转化和电转化等方法)的建立,枯草杆菌宿主菌株也相应地扩大了范围,在没有发现感受态的菌株中进行外源基因表达。

除了枯草杆菌外,已报道的其他可用作芽孢杆菌表达宿主的有嗜碱芽孢杆菌、淀粉芽孢杆菌、地衣芽孢杆菌、嗜热脂肪芽孢杆菌等。

枯草杆菌表达系统的载体主要有自主复制质粒、整合质粒和噬菌体三种。从芽孢杆菌中分离的自主复制质粒,除极少数(如pBC16)外,均为无抗性标志的隐秘质粒。带有抗性标记的自主复制质粒主要来自其他革兰氏阳性菌,特别是金黄色葡萄球菌的质粒。其中使用广泛的有pUB110、pC194、pE194等,在此基础上构建了双标记质粒、整合质粒、穿梭质粒等。这些质粒容易丢失,不稳定。将外源基因整合到宿主染色体上,是解决这种不稳定性的有效途径。整合质粒是在大肠杆菌质粒的基础上增加芽孢杆菌的抗性标记及待整合基因,由于缺乏芽孢杆菌的复制起点,导入芽孢杆菌后,不能自主复制,只有插入宿主染色体才能随着细胞复制而复制。不少噬菌体都可用作载体,如Φ105噬菌体、SPβ噬菌体等,其中Φ105噬菌体应用较多。SPβ噬菌体为原噬菌体,枯草杆菌168菌株及其衍生菌株都带有此原噬菌体。

常用的芽孢杆菌质粒载体见表11-1。

表11-1 芽孢杆菌质粒载体举例

质粒	大小	抗性标记	拷贝数	类型
pUB110	4548 bp	Kan^r	30～50	单标记
pC194	2910 bp	Cm^r	15～36	单标记
pE194	3728 bp	$Kan^r(ts)$	10	单标记
pBC16	4.25 kb	Tc^r		单标记
pBC16-1	2.7 kb	Tc^r		单标记
pK307	3 MDa	Kan^r		单标记
pT307	3 MDa	Tc^r		单标记
pC307	3 MDa	Cm^r		单标记
pBD9	7.2 kb	Kan^r,Em^r		双标记
pKTH10		Kan^r	500～2500	高拷贝数
pMK3	7.2 kb	Kan^r,Amp^r		穿梭

续表

质粒	大小	抗性标记	拷贝数	类型
pHV33		Amp^r，Cm^r，Tc^r		穿梭
pJH101	5391 bp	Amp^r，Cm^r		整合
pJH102	3640 bp	Amp^r，Cm^r		整合
pNU200	4.6 kb	Kan^r		表达
pHY500	5.3 kb	Kan^r		表达

2. 转化方法

枯草杆菌的转化方法包括化学转化法、原生质体转化法、电转化法等。对于不同类型的芽孢杆菌，适宜的转化方法可能不同，需要通过实验摸索适宜的转化条件。目前最常用的方法是电转化法。

1）化学转化法

（1）材料与试剂：

① SPⅠ-a 盐溶液：分别称取 1.4 g $K_2HPO_4 \cdot 3H_2O$、0.6 g KH_2PO_4、0.2 g$(NH_4)_2SO_4$和 0.1 g 三水合柠檬酸钠，用超纯水溶解并定容到 100 mL，121 ℃灭菌 20 min。

② SPⅠ-b 盐溶液：称取 0.02 g $MgSO_4 \cdot 7H_2O$，用超纯水溶解并定容到 100 mL，121 ℃灭菌 20 min。

③ 10×CAYE 溶液：称取 1 g 酵母浸提物以及 0.2 g 酪蛋白水解物，加超纯水定容到 100 mL。

④ SPⅠ培养基：分别取灭好菌的 10 mL 10×CAYE 溶液、10 mL SPⅠ-a 盐溶液、10 mL SPⅠ-b 盐溶液和 1 mL 50%的葡萄糖溶液，加已灭菌的超纯水定容到 100 mL。

⑤ SPⅡ培养基：分别取 10 mL SPⅠ培养基、0.1 mL 250 mmol/L $MgCl_2 \cdot 6H_2O$ 以及 0.1 mL 50 mmol/L $CaCl_2 \cdot 2H_2O$，混合。

⑥ 乙二醇-双-(2-氨基乙醚)四乙酸溶液(100×EGTA)：10 mmol/L 乙二醇-双-(2-氨基乙醚)四乙酸(EGTA)溶液，用 10 mol/L NaOH 溶液调 pH 到 8.0，过滤除菌。

⑦ 转化子鉴定培养基(酪素培养基)：称取 2 g 干酪素，用少量水加热煮沸至全溶，调 pH 至 7.0，添加 1.5%琼脂糖，定容至 100 mL。

（2）实验方案：

枯草杆菌感受态细胞的制备及转化：

① 用接种环从平板上挑取单菌落，接种于装有 2 mL SPⅠ培养基的 50 mL 离心管中，37 ℃、200 r/min 培养 12 h。

② 取菌液 100 μL，接种于含 5 mL SPⅠ培养基的 50 mL 离心管中，37 ℃、200 r/min 培养，当达到对数生长末期(4.5～5 h)时，快速取 200 μL 菌液转接至装有 2 mL SPⅡ培养基的 50 mL 离心管中，37 ℃、100 r/min 培养 90 min。

③ 往菌液中加入 20 μL 100×EGTA 溶液，37 ℃、100 r/min 培养 10 min。

④ 取 500 μL 菌液，放入 1.5 mL 离心管中，向离心管中加入适量质粒或者连接产物，轻轻混匀，37 ℃、100 r/min 进行后培养 1.5 h。

⑤ 低速(3000 r/min)离心收集菌体，弃部分上清液预留 100 μL 左右的上清液，用微量移液器轻轻吹吸重悬菌体，并涂布含有相应抗生素的 LB 平板。

2）原生质体转化法

（1）材料：

① DM3 固体培养基：

1 mol/L 丁二酸二钠(pH 7.3)	500 mL
5%酸水解酪素	100 mL
10%酵母提取物	50 mL
3.5% K_2HPO_4-1.5% K_2HPO_4	100 mL
50%葡萄糖	10 mL
4 mol/L $MgCl_2$	5 mL
2%牛血清白蛋白(过滤除菌)	5 mL
琼脂	8 g
双蒸水	230 mL

各溶液分别灭菌,冷却至 55 ℃后混合。

② 10×Pen 培养液:取 3 号抗生素培养基 17.5 g,用水定容至 100 mL,过滤除菌。使用时用无菌水稀释。

③ 5×SMM 培养液:2.5 mol/L 葡萄糖、0.1 mol/L 苹果酸、0.1 mol/L $MgCl_2$。配制后过滤除菌,用时用无菌水稀释。

④ SMMP 培养液:2×SMM 培养液与 4×Pen 培养液等体积混合。

⑤ 40% PEG6000 溶液:取 40 g PEG6000,溶于 50 mL SMMP 培养液后,用无菌水定容至 100 mL。

（2）实验方案：

① 将 30 ℃ LB 平板上过夜培养的枯草杆菌转接至 100 mL 1×Pen 培养液中。

② 37 ℃振荡培养 2～3 h,6000*g* 离心 10 min,收集菌体,彻底弃去上清液。将沉淀悬浮于 4.5 mL SMMP 培养液中。

③ 在 0.5 mL SMMP 培养液中添加 10 mg 溶菌酶后,补加到悬浮有沉淀的 SMMP 培养液中,37 ℃继续振荡培养。

④ 60 min 后,取样在光学显微镜下镜检,观察是否有 80%以上的细胞成为原生质体。

⑤ 2600*g* 离心 10 min,收集原生质体,并重悬于 5 mL SMMP 培养液中。

⑥ 2600*g* 再离心 15 min,收集原生质体,再重悬于 2～5 mL SMMP 培养液中。

⑦ 取 0.2 mL 原生质体,添加 50 μL DNA 与 50 μL SMMP 培养液,混匀,立即加 1.5 mL 40% PEG6000 溶液,充分混匀。

⑧ 室温下静置 2 min 后,加 5 mL SMMP 溶液,迅速颠倒混匀。

⑨ 2600*g* 离心 10 min,收集原生质体,并重悬于 1 mL SMMP 培养液中,30 ℃振荡培养 2～3 h;用 SMMP 培养液适当稀释后,37 ℃培养于含 150 μL/mL 卡那霉素、0.3 μL/mL 红霉素及 12.5 μL/mL 氯霉素的 DM3 固体培养基上 2～3 d。

3）电转化法

原生质体转化法操作比较复杂,重复性也较差,因此目前常用的方法是电转化法,其转化效率非常高。

实验方案：

（1）将枯草杆菌振荡培养在 250 mL LB 培养液中,待生长至对数生长期,转移到预冷的离心管中，并立即静置于冰浴中，10 min 后，4 ℃离心，沉淀用 100 mL 预冷的转化液(10%甘油、0.5 mol/L山梨酸、0.5 mol/L 甘露醇)漂洗 2 次。

(2) 用预冷的电转化液制成 5×10^{10}个/mL 细胞悬浮液，分装至离心管，每管 45 μL，−70 ℃保存，备用。

(3) 使用时，冰上解冻，然后与 DNA 混匀，用电转化仪进行电转化。电转化条件为 400 Ω、25 μF、25 kV。

(4) 立即加入 1 mL 含 10%甘油的 LB 培养液，1 min 后转移至 1.5 mL 离心管中，培养 4 h 后，涂布于选择培养基上。

3. 蛋白质的提取

蛋白质的提取是指在一定的条件下，用适当的溶剂或溶液处理含蛋白质的原料，使蛋白质充分溶解到溶剂或溶液中的过程。蛋白质通常可溶解于水，可用水、稀酸、稀碱、稀盐溶液或合适的缓冲液等进行提取，要根据蛋白质本身的特性选择不同的方法。对于胞内蛋白质的提取，需要首先破碎细胞。细胞破碎的方法有机械法、物理法、化学法、酶法等。

(1) 材料与试剂：

① TEA 缓冲液：50 mmol/L 三乙醇胺、5 mmol/L $Mg(Ac)_2$、0.5 mmol/L PMSF、1 mmol/L DTT。

② LB 液体培养基。

③ 2×TY 液体培养基。

(2) 实验方案：时间 1 d。

① 挑选菌株，接种于 LB 液体培养基中，取 2 mL 过夜振荡培养物，接种于 100 mL 2×TY 液体培养基中，37 ℃振荡培养 6 h。

② 收集菌体，沉淀用 TEA 缓冲液悬浮，再离心，将所得菌体转移到研钵中，置于−20 ℃(或−70 ℃)冰箱中，使之结冰。

③ 加等量石英砂，剧烈研磨成糊状。

④ 加 TEA 缓冲液使之成悬浮液，冰上静置 30 min 以使菌裂解液与石英砂分层；将上清液转移至预冷的新离心管中，加 DNA 酶处理。

⑤ 7500*g*、4 ℃离心 2 h，上清液即为蛋白质提取物。

11.2　外源基因在酵母细胞中的表达

尽管已利用大肠杆菌表达系统表达了多种蛋白质，但大肠杆菌表达系统还存在很多缺陷。例如：它是原核表达系统，缺少真核生物的翻译后加工过程，产生的外源基因产物往往无活性；它表达的蛋白质多以包含体形式存在，需要经过复性，过程复杂；它产生的杂蛋白较多，不易纯化，所以产物中可能含有原核细胞中的有毒蛋白质或有抗原性的蛋白质。昆虫细胞表达系统和哺乳动物细胞表达系统都是真核表达系统，它们可以进行多种蛋白质的转录后加工，很适合于真核基因的表达。但是，它们遗传背景复杂，操作困难，易污染，生产成本高，所以并不利于实际应用。

酵母是单细胞低等真核生物，因而其表达系统兼有上面两种表达系统的优势：一是，酵母是一种单细胞低等真核生物，培养条件普通，生长繁殖迅速，能耐受较高的流体静压，用于表达基因工程产品时,可以大规模生产,有效降低生产成本;二是,酵母表达外源基因具有一定的翻译后加工能力,收获的外源蛋白质具有一定程度上的折叠加工和糖基化修饰,性质较原核表达的蛋白质更加稳定,特别适合于表达真核生物基因和制备有功能的表达蛋白质。某些酵母表达系统具有外分泌信号序列,能够将所表达的外源蛋白质分泌到细胞外,因此很容易纯化。所以近年来,酵母表达系统已广泛应用于工业生产,为社会创造了极大的经济效益。

1. 表达载体基本结构和表达系统宿主

常用酵母表达系统有酿酒酵母(*Saccharomyces cerevisiae*)表达系统、甲醇营养型酵母表达系统、裂殖酵母(*Schizogenesis pombe*)表达系统等。

1) 酿酒酵母表达系统

酿酒酵母(*S. cerevisiae*)又名面包酵母,它是单细胞真核微生物,一直以来,酿酒酵母被称为真核生物中的"大肠杆菌"。它是最早应用于酵母基因克隆和表达的宿主菌。自 1981 年 Hitzemom 等用酿酒酵母表达人干扰素获得成功后,还用酿酒酵母表达了多种原核和真核蛋白,目前科学家对酿酒酵母表达系统的研究已非常深入。

用于酵母基因表达的载体包括 YIp(yeast integration plasmid)型载体、YEp(yeast episomal plasmid)型载体和 YCp(yeast centromeric plasmid)型载体。

(1) YIp 型载体。

这是一种整合型载体,如 YIp5,它不含酵母的 DNA 复制起始区,不能在酵母中进行自主复制,含有整合介导区,此载体整合到染色体上,稳定性高,缺点为拷贝数低,但采取一些措施可以初步解决这个问题。策略如下:用酵母转座子以产生多个插入拷贝;将 re-DNA 插入核糖体 DNA(rDNA)簇中,在宿主的 X2 号染色体上以 150 个串联重复序列存在。用特殊的质粒如 pMIRY2 转化可产生上百个整合拷贝,整合的 pMIRY2 在无选择压力下分裂时保持稳定。

(2) YEp 型载体。

这是一种附加型载体,如 Yep13,它含有酿酒酵母 2 μm 质粒 DNA 复制有关的部分或全部序列。该载体常以 30 个或更多拷贝存在,但不稳定。它能独立于酵母染色体之外复制,为穿梭质粒(*E. coli* 和 *S. cerevisiae*)。为了克服这些载体的不稳定性,以脆弱的 *srbl-1* 突变的宿主株为基础建立自然选择系统。这个菌株要求渗透压稳定,否则会裂解,转化后带野生型 SRB 的自主复制 YEp 型质粒与此菌株进行互补,便可在培养基上保持选择性。

(3) YCp 型载体。

YCp 型载体和酵母附加型载体一样,含有酵母菌中的自主复制序列(automatic replicating sequence,ARS),ARS 序列中含有酵母菌染色体 DNA 上与染色体均匀分配有关的序列 CEN,能够提高转化效率。YCp 质粒携带染色体着丝粒,这与质粒和细胞纺锤体的联合作用有很大关系,且能使自复制的质粒只有一个。YCp 质粒具有较高的有丝分裂稳定性,但拷贝数只有 1~5。

在遗传学方面,对宿主菌酿酒酵母进行了广泛的研究,酿酒酵母基因组序列(约 1.2×10^7 bp)早在 1996 年就完成,它有 16 条染色体,约 6000 个 ORF,仅 4%的酵母基因有内含子。由于对酿酒酵母的遗传背景十分清楚,因此酿酒酵母是很理想的真核表达宿主菌。

酿酒酵母难以高密度培养,分泌效率低,几乎不分泌相对分子质量大于 30000 的外源蛋白质,也不能使所表达的外源蛋白质正确糖基化,而且表达蛋白质的 C 端往往被截短。因此,一般不用酿酒酵母做重组蛋白质表达的宿主菌。酿酒酵母本身含有质粒,其表达载体可以有自主复制型和整合型两种。自主复制型质粒通常有 30 个或更多拷贝,含有 ARS,能够独立于酵母染色体外进行复制,如果没有选择压力,这些质粒往往不稳定。整合型质粒不含 ARS,必须整合到染色体上,随染色体复制而复制。整合过程特异性很强,但是拷贝数很低。为此,设计了 pMIRY2(for multiple integration into ribosomal DNA in yeast)质粒,旨在将目的基因靶向整合到 rDNA 簇上(rDNA 簇为酵母基因组中串联存在的 150 个重复序列),因此利用 pMIRY2 质粒可以得到 100 个以上的拷贝。值得注意的是,酿酒酵母表达的外源蛋白质往往被高度糖基化,糖链上可以带有 40 个以上的甘露糖残基,糖蛋白的核心寡聚糖链含有末端 α-1,3-甘露糖,产物的抗原性明显增强。因此,酿酒酵母常常用来制备亚单位疫苗(如 HBV 疫苗、口蹄疫疫苗等)。

2) 甲醇营养型酵母表达系统

甲醇营养型酵母包括汉逊酵母属(*Hansenula*)、毕赤酵母属(*Pichia*)、球拟酵母属(*Torulopsis*)等,能在以甲醇为唯一能源和碳源的培养基上生长,甲醇可以诱导它们表达甲醇代谢所需的酶,如醇氧化酶Ⅰ(AOXⅠ)、二羟丙酮合成酶(DHAS)、甲酸脱氢酶(FMD)等。AOXⅠ的甲醇诱导表达量可占到胞内总蛋白质的 20%~30%,表明 AOXⅠ的合成受转录水平的调控,*AOX Ⅰ*启动子($P_{AOXⅠ}$)具有较高的调控功能,可用于外源基因的表达调控。

汉逊酵母表达系统是一种极为理想的外源基因表达系统,它具有很多特殊的优点:①汉逊酵母是一种耐热酵母,最适生长温度为 37~43 ℃,最高生长温度可达 49 ℃,生长范围较宽,易于操作控制。②内有特殊的甲醇代谢途径,含甲醇氧化酶(MOX)、甲醇脱氢酶(FMD)和二氢丙酮合成酶(DHAS)几种特殊的酶;甲醇代谢途径关键酶的表达受阻遏与解阻遏机制调控,乙醇、高浓度的甘油和葡萄糖阻遏基因表达,甲醇、低浓度的甘油和葡萄糖解除阻遏。③此酵母中 MOX、DHAS 和过氧化物酶贮存于过氧化物酶体,表达外源蛋白时可以在外源蛋白 C 末端加上一个固定氨基酸序列:S/A/C-K/R/H-L,从而将其定位于过氧化物酶体,避免对细胞产生毒害且免受蛋白酶降解。④此酵母目前已构建了多种营养缺陷株:ura3、his3、leu2、trp3 和 ade11 等,筛选方便。⑤可以通过非同源重组整合多拷贝基因,拷贝数可达 100 以上,也可通过同源重组,利用葡萄糖/胆碱或葡萄糖/甲醇/硫酸铵完成表达。

甲醇营养型酵母表达系统以巴斯德毕赤酵母(*Pichia pastoris*,简称毕赤酵母)表达系统最为常用,它由野生型石油酵母 Y11430 突变而来,常用的 3 株宿主菌是 GS115、KM71 和 MC100-3。

毕赤酵母表达载体都是穿梭载体,主要有三大类,即 Original pichia 表达载体、Easyselect pichia 表达载体和 Multi-copy pichia 表达载体。毕赤酵母表达载体具有胞内分泌和胞外分泌之别,一般应用胞外分泌型载体。而且该载体还有自我复制的游离载体和整合型载体两种类型,大多数实验室采用整合型载体,整合型载体通过不同的酶切(如 *Bgl* Ⅱ *Not* Ⅰ或 *Pme* Ⅰ *Sac* Ⅰ等)线性化后,使之以单一交叉或双重交叉替换同源重组方式整合到酵母基因组的 *AOX Ⅰ*或 *His4* 基因的位置,并随酵母的生长而稳定存在。下面是具有代表性的甲醇表达载体(pPICZαA,B,C 3.6 kb)结构(图 11-1)。

(1) 5′-*AOX Ⅰ*:含有 *AOX Ⅰ*启动子,可强烈启动外源蛋白的表达,同时也是载体和宿主菌发生重组的位置。当酵母的 *AOX Ⅰ*基因被替换而丢失后,使酵母利用甲醇的速度变慢,此时宿主菌利用弱的 *AOX Ⅱ*基因启动合成 AOX,即产生 Muts 表型(methanol utilization slow),反之,则称为 Mut+表型;*MCS*(多克隆位点),包含多个限制性酶切位点,提供外源基因插入的位点;Signal (α-factor),编码 N 末端信号肽序列,可引导外源蛋白分泌到细胞外;*c-myc*,方便检测外源蛋白位点;6×*His*,纯化外源蛋白的标签,为蛋白的下游加工提供方便。

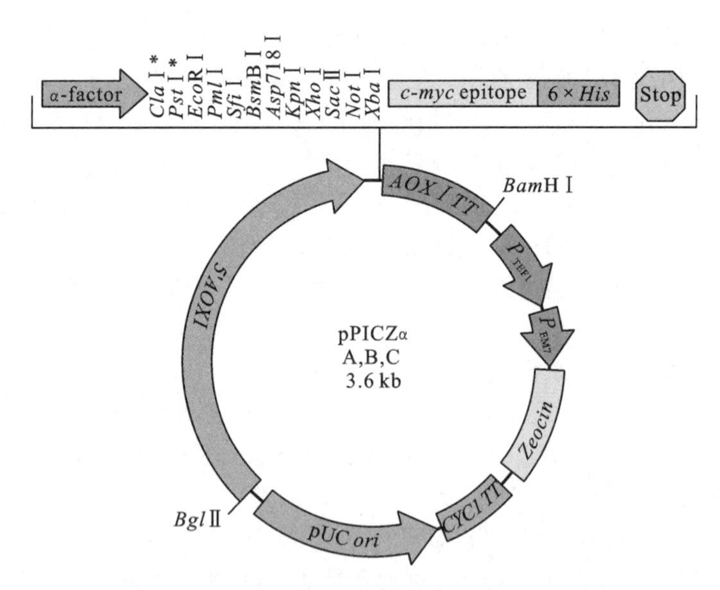

图 11-1　pPICZα 载体质粒图谱和多克隆位点信息

· *Pst* Ⅰ仅存在于 B 型载体质粒中；*Cla* Ⅰ仅存在于 C 型载体质粒中

(2) 3′-*AOX Ⅰ TT*，3′末端转录终止序列和终止位点，同源重组位置之一；*Zeocin*，既可在大肠杆菌中筛选，又可作为阳性重组酵母转化子筛选的抗性基因；pUC *ori*，大肠杆菌复制起点。

外源目的基因在甲醇酵母的表达分两步，即菌体生长和蛋白质诱导表达，先在以甘油为碳源的培养基上增殖菌体，当 OD 值达到 3～6 时，离心弃上清液后悬浮于以甲醇为碳源的培养基中诱导表达，24 h 后添加培养基总量的 0.5%～1%的甲醇，以弥补甲醇的消耗。在进行表达的过程中，各种条件有待优化，一旦最佳条件确定，即可按比例放大，进行高密度大规模的发酵。

3) 裂殖酵母表达系统

裂殖酵母不同于其他酵母，它具有许多与高等真核细胞相似的特性，它所表达的外源基因产物具有相应天然蛋白质的构象和活性。目前对它的研究较少。

裂殖酵母表达系统中通常采用以 2 μm 环和 *ars1* 作为质粒复制起点的游离载体。*ars1* 是从裂殖酵母的染色体中克隆出来的，作为质粒的自我复制序列。含有裂殖酵母的 *ars1* 的质粒能够以多拷贝的形式在细胞中存在，但当细胞进行有丝分裂时质粒容易丢失。裂殖酵母的稳定 *stb* 序列可以使转化子在有丝分裂和减数分裂时仍能稳定存在。将稳定的 *stb* 序列和 *ars1* 连接在一起构建的载体能够以多拷贝的形式在裂殖酵母细胞中稳定存在，其拷贝数为 80 左右。在以抗生素 G418 为选择压力的情况下，可以提高质粒的拷贝并维持其稳定，在某些情况下每个细胞的质粒数高达 200。高效表达载体 pTL2M 就属于此类载体，它含有高效的 *hCMV* 启动子，不含有任何复制起点和营养缺陷型标记，使用时必须与转导载体(pAL7)共转化进入裂殖酵母宿主。在细胞内两个载体发生同源重组，成为一个载体在胞内复制。在表达载体 pTL2M 中，外源基因的表达受 *hCMV* 启动子和抗生素 G418 浓度的调控。采用此载体膜蛋白也可以得到高效表达。

2. 影响酵母表达外源蛋白的因素

转入酵母中的外源基因所表达的蛋白质水平的高低与许多因素有关，如菌株的类型、外源基因特性、启动子、载体的拷贝数和稳定性、表达条件等。只有对这些因素进行全面了解和优化，才能消除影响酵母表达外源蛋白水平的不确定性因素。

1）外源基因特性

主要涉及外源基因 mRNA 5′端非翻译区（5/2UTR）、A＋T 组成和密码子的使用频率。分述如下：①一个适当长度的 5′端非翻译区可极大地促进 mRNA 的有效翻译。UTR 太长或太短都会造成核糖 40S 亚单位识别的障碍，如 *AOX1* 基因 5′-UTR 长为 114 nt，并且富含 A＋U。因此，对于最佳蛋白表达量，维持外源基因 mRNA 5′-UTR 尽可能和 *AOX1* mRNA 5′-UTR 相似是必需的，并且最好保持两者一致。另外，5′-UTR 中应避免 AUG 序列以确保 mRNA 从实际翻译起始位点开始翻译。起始密码 AUG 周围不应形成二级结构，这可以通过密码子的替换来实现。②许多高 A＋T 含量的基因常会由于提前终止而不能有效转录，因此，对 A＋T 含量丰富的基因，最好是重新设计序列，使其 A＋T 含量在 30%～55%范围内。③如果外源基因中含有稀有密码子，则在翻译过程中会产生瓶颈效应而影响表达。对 110 个酵母基因使用密码子的统计学分析表明，密码子的嗜好性与基因表达量密切相关。在酵母中表达量较高的基因往往采用的是酵母所偏好的密码子。在所有的 61 个密码子中，有 25 个是酵母所偏好的。对这些偏好密码子的使用程度和基因表达水平成正比。高效表达的基因几乎毫无例外地使用这 25 个偏好密码子。

2）启动子的影响

一般来说，外源基因在酵母中的表达和基因的转录水平有密切的关系，所以选用强启动子对高效表达十分重要。如目前酿酒酵母组成型的强启动子 *PGK*、*ADH1*、*GPD* 等，诱导型强启动子 *GAL1*、*GAL7* 等，毕赤酵母启动子 *AOX* Ⅰ已被克隆用于外源基因的表达。在毕赤酵母中克隆到一个组成型三磷酸甘油醛脱氢酶启动子 P_{GAG}，在它的控制下 *β-labZ* 基因表达率比甲醇诱导下的 $P_{AOX\,I}$ 驱动的产量更高。该组成型启动子不需要甲醇诱导，发酵工艺更简单，同时产量更高，所以成为最可能代替 $P_{AOX\,I}$ 的启动子。

3）载体的拷贝数和稳定性

表达载体在酵母细胞中的拷贝数对外源基因表达有明显的影响。酿酒酵母和一些其他酵母有多拷贝的内源质粒是建成高拷贝数表达载体的基础。如以 2 μm 环为基础构建的酵母菌附加型质粒 YEp 常以 30 或更多拷贝数存在，但稳定性差。如果外源基因克隆进入 2 μm 质粒上的 *Hpa* Ⅰ位点，可使外源基因稳定高效表达；酵母核糖体 RNA 的基因 rDNA 在染色体中具有 100～200 个拷贝，是提高外源基因拷贝数的最佳整合位点之一。

4）表达条件的优化

表达条件的优化主要包括通气量、培养基、摇菌密度、蛋白酶和诱导剂的含量等。对这些表达条件需要综合考虑，整体优化：①充足的通气量对于诱导阶段外源蛋白的表达是极其重要的。实验中采取多种措施，如培养基体积不超过摇瓶体积的 30%、提高摇床转速、用多层纱布等。②有多种培养基，如 BMGY/BMMY、BMG/BMM、MGY/MM 等都可用于毕赤酵母表达。BMGY/BMMY 中含有酵母膏和蛋白胨，可作为富营养物，使菌体更好地生长，从而增加生物量。③通过调整培养基的 pH、在培养基中添加 1%酪氨酸蛋白水解物等措施来抑制蛋白酶活性，使降解程度降至最低。此外，选用蛋白酶缺陷的受体菌是减弱蛋白酶作用的有效方法。④理论上来说，OD 值越高，生物量越大，则总的表达量也越大。但 OD 值越高，则培养基中的氧和营养供给越受限制。诱导后菌体浓度宜为诱导前菌体浓度的 10 倍。⑤诱导期间培养基中定期补充诱导剂，对于诱导表达外源蛋白十分重要。

实验14　外源基因在大肠杆菌中的诱导表达

一、实验目的与内容

(1) 了解外源基因在原核细胞中表达的特点,掌握原核诱导表达操作。

(2) IPTG诱导含有重组质粒的大肠杆菌Lac或Tac表达系统中外源基因的表达。

二、实验原理

将外源基因克隆在含有*lac*启动子的表达载体中,使之在大肠杆菌中表达。先让宿主菌生长,*lacI*产生的阻遏蛋白与*lac*操纵区结合,抑制下游的外源基因转录及表达,但宿主菌能正常生长。向培养基中加入诱导物IPTG,解除抑制使外源基因大量表达。表达的蛋白质可经SDS-PAGE或Western杂交检测。

三、实验仪器、材料和试剂

1. 仪器与材料

旋涡混合器、微量移液器、吸头(装入相应的吸头盒灭菌)、50 mL离心管、1.5 mL微量离心管(装入铝盒灭菌)、离心管架、台式冷冻离心机、制冰机、恒温摇床、分光光度计、超净工作台、恒温培养箱、锥形瓶、接种环、牙签(灭菌)等。

2. 培养基和试剂

(1) LB培养基(加抗生素)、100 mg/mL IPTG、20%葡萄糖溶液、无菌双蒸水。

(2) 100 mg/mL IPTG:过滤灭菌,100 mL分装,−20 ℃保存。

(3) 100 mg/mL Amp(氨苄青霉素):过滤灭菌,100 mL分装,−20 ℃保存。

(4) LB-葡萄糖培养基:将20%葡萄糖溶液115 ℃灭菌20 min,添加至LB培养基(加抗生素)中,葡萄糖终浓度为0.2%。

四、实验步骤和方法

(1) 晚上9:00接种。在超净工作台中接种含有外源基因的重组大肠杆菌菌株,培养于两个各含20 mL LB-葡萄糖培养基(含Amp 100 μg/mL)的锥形瓶中,30 ℃、70～90 r/min振荡培养过夜。(★需在超净工作台进行无菌操作。)

(2) 至第二天上午8:30,OD_{600}为0.7～0.8(★诱导物时的细胞密度因表达菌株、表达的蛋白质不同,可能有差异,要视具体情况而定,需要通过实验摸索确定。),或者将过夜培养的种子液,在第二天上午转接至20 mL LB-葡萄糖培养基(含Amp 100 μg/mL)的锥形瓶中,37 ℃、180 r/min培养至OD_{600}为0.7～0.8,再添加IPTG诱导。

(3) 加IPTG至100 μg/mL,37 ℃、150～170 r/min诱导培养1.5～3 h。同时做不加IPTG诱导和非转化的宿主菌诱导的对照培养。(★诱导培养的时间也因表达菌株、表达的蛋白质不同而异。)

(4) 将菌液转移至50 mL离心管,4 ℃、4000 r/min离心15 min,弃掉上清液,收获菌体。

菌体可在−20 ℃以下保存备用。在 IPTG 诱导与不诱导时，外源基因的表达量差异可通过实验 15 分析。

(5) 在被细菌污染的桌面上喷洒 70%乙醇，擦干桌面，整理实验台面。

五、作业与思考题

1. 作业

如实记录诱导物 IPTG 添加前及诱导培养后细胞生长的 OD_{600}，IPTG 诱导对外源基因表达的影响需要通过实验 15 分析后进行评价，可以与实验 15 结果一并讨论。

2. 思考题

(1) 影响外源基因表达量的因素有哪些？

(2) IPTG 的作用原理是什么？

(3) 如何衡量 IPTG 诱导对外源基因表达量的影响？

实验 15　SDS-PAGE 电泳检测表达的外源蛋白

一、实验目的与内容

(1) 学习 SDS-PAGE 的基本操作，学会用 SDS-PAGE 检测蛋白质。

(2) 用 SDS-PAGE 检测分析重组大肠杆菌中外源基因的表达产物。

二、实验原理

十二烷基硫酸钠(sodium dodecyl sulfate，SDS)是一种阴离子表面活性剂，十二烷基硫酸根离子带负电荷。蛋白质在加热变性以后与 SDS 结合，带负电荷，在电场的作用下，向正极移动，结果按相对分子质量大小排列在胶板上，含量多的蛋白质条带较粗。

三、实验仪器、材料和试剂

1. 仪器

旋涡混合器、微量移液器、吸头、1.5 mL 微量离心管、双面微量离心管架、台式冷冻离心机、制冰机、超声波破碎仪、电磁炉、电泳仪、摇菌试管、锥形瓶、50 mL 烧杯、接种环、垂直电泳槽及配套的制胶系统等。

2. 材料和试剂

(1) TEMED(四甲基乙二胺)、蛋白质相对分子质量标准物。

(2) 1.5 mol/L Tris-HCl：pH8.8，4 ℃保存。

(3) 0.5 mol/L Tris-HCl：pH6.8，4 ℃保存。

(4) 4×分离胶缓冲液：1.5 mol/L Tris-HCl(pH 8.8)、0.4% SDS，4 ℃ 保存。

(5) 4×浓缩胶缓冲液：0.5 mol/L Tris-HCl(pH 6.8)、0.4% SDS，4 ℃ 保存。

(6) 30%丙烯酰胺(Acr)-甲叉双丙烯酰胺(Bis)：取 30 g Acr、0.8 g Bis，用双蒸水定容至

100 mL,4 ℃保存。

(7) 10%过硫酸铵溶液:−20 ℃保存。

(8) 2×上样缓冲液:取0.5 mol/L Tris-HCl(pH6.8)2 mL、甘油2 mL、20%SDS 2 mL、0.1%溴酚蓝0.5 mL、2-巯基乙醇1.0 mL、双蒸水2.5 mL,混合,室温存放。

(9) 5×电泳缓冲液:取Tris 7.5 g、甘氨酸36 g、SDS 2.5 g,加双蒸水至500 mL,使用时稀释5倍。

(10) 考马斯亮蓝染色液:取考马斯亮蓝R250 0.25 g、甲醇45 mL、冰乙酸10 mL,用双蒸水定容至100 mL。

(11) 脱色液:95%乙醇、冰乙酸、水按体积比4.5∶0.5∶5混合。

四、实验步骤和方法

(1) 将表达外源蛋白后的大肠杆菌菌体与2×上样缓冲液按1∶1混合于微量离心管中,在沸水浴中保温3~5 min,取出,立即插入冰中(**★也可在−20 ℃冰柜中保存备用**)。加样前6000*g* 离心3~5 min,取上清液加样。

(2) 按照教师的演示组装制胶装置。插入梳子后在玻璃上距离梳子齿底部1 cm的地方做一个标记。

(3) 首先配制分离胶,然后配制浓缩胶。配制10%分离胶时,按表11-2中顺序和加入量(**★注意体积的单位。**)取溶液,在50 mL烧杯中混合。(**★注意Tris溶液的pH=8.8。**)

表11-2 10%分离胶的配制(总体积为15 mL)

成　　分	用　　量
双蒸水	5.9 mL
4×分离胶缓冲液	3.95 mL
30% Acr-Bis	5.0 mL
10%过硫酸铵溶液	150 μL
TEMED	6 μL

配制不同浓度的胶时,30% Acr-Bis的添加量有差异,可参考相关文献。

(4) 加完过硫酸铵溶液后,拿起烧杯轻轻摇动几下底部将溶液混匀后,立刻缓缓倒入玻璃夹缝中,直到液面与所做的标记齐平。剩下的胶液留在小烧杯中,倾斜放置。然后在上部用1000 μL微量移液器沿玻璃壁轻轻地来回移动加满双蒸水(**★尽可能少扰动下面的胶液**)。然后静置30 min,直到烧杯中剩余的溶液凝固。倒出蒸馏水,并倒置玻璃尽可能将水倒尽。

(5) 配制浓缩胶。按表11-3中顺序和量(**★注意体积的单位。**)取溶液,在一只50 mL小烧杯中混合。(**★注意Tris溶液的pH=6.8。**)

表11-3 5%浓缩胶的配制

成　　分	用　　量
双蒸水	2.2 mL
4×浓缩胶缓冲液	1.04 mL
30% Acr-Bis	0.67 mL
10%过硫酸铵溶液	40 μL
TEMED	4 μL

(6) 加完过硫酸铵溶液后，拿起烧杯轻轻摇动几下底部将溶液混匀，立刻倒入玻璃夹缝中，液面与玻璃上沿齐平。然后慢慢插入梳子，静置约 20 min。将盛有剩下溶液的烧杯倾斜放置，直到溶液凝固。(此时可以用塑料薄膜包起来放入冰箱过夜。)

(**★需要注意的是，室温较低时胶液不易凝固，可以置于 37 ℃培养箱中。另外，丙烯酰胺单体和交联剂甲叉双丙烯酰胺有神经毒性，在称量和配制时要戴一次性手套，称量时最好戴上口罩。胶凝固后一般不再有毒性，但考虑到存在没有完全交联的分子，实验结束后不宜直接用手拿取，要先用清水漂洗 5～10 min。**)

(7) 小心拔出梳子，用微量移液器或微量注射器在其中一个加样槽中加入 20 μL 蛋白质相对分子质量标准物，其他槽中加入 10～20 μL 自己制作的样品液(图 11-2)。加完样品后，再用微量移液器吸取电泳缓冲液小心将未加样的加样槽液面都补平。

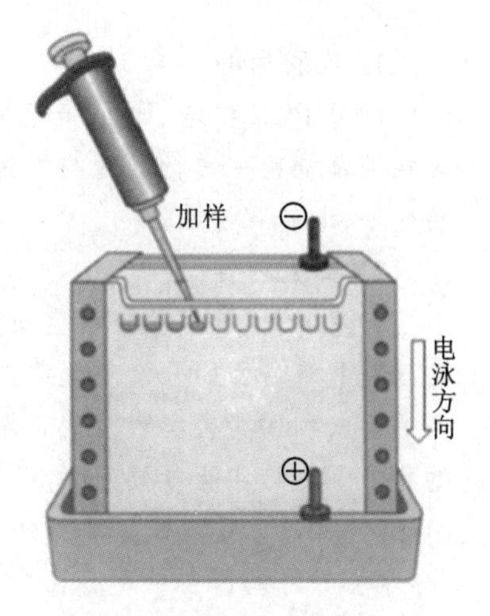

图 11-2　蛋白质电泳加样

(8) 电泳槽上部倒满电泳缓冲液(约 250 mL，液面高过加样槽的液面)，电泳槽的下部倒入一半电泳缓冲液(约 180 mL)。

(9) 接好电极，将电流调至 10 mA，待溴酚蓝移到分离胶后，再将电流调至 18 mA，电泳 2～3 h，期间随时观察电泳槽上部的液体是否有泄漏。(**★如有泄漏会导致液面下降，电流中断。**)当溴酚蓝移到玻璃距底部 0.5 cm 时，切断电源。

(10) 在一个搪瓷盘里准备适量的考马斯亮蓝染色液。

(11) 倒掉电泳槽中的缓冲液，取下玻璃，小心用铲子从下部将带有缺口的玻璃板撬起。(**★切不可损坏胶。**)用铲子切去上部的支持胶，并把分离胶从玻璃上剥离，放到盛有染色液的搪瓷盘里。(**★切不可损坏胶。**)

(12) 染色 2 h 后，将染色液倒回瓶子里以备重复使用。把胶移入脱色液，过夜。

(13) 观察脱色后凝胶内的蓝色带纹，根据相对分子质量标准物，判断是否是预期的基因产物。与对照比较，判断诱导表达与不诱导时蛋白质的条带差异。

(14) 清洗实验器材，清理实验台面。

五、作业和思考题

(1) 影响蛋白质凝胶电泳迁移率的因素有哪些?

(2) 如何估计表达产物的相对分子质量?

(3) SDS-PAGE 中 SDS 的作用是什么?

(4) 如何确定凝胶上的某蛋白质条带就是所要表达的外源基因产物?

实验 16　脂肪酶基因在枯草杆菌中表达及表达产物的研究

一、实验类型

给定选题的综合设计性实验。

二、基本内容

利用已经掌握的分子生物学基础知识和实验技术,自行设计实验方案,将脂肪酶基因或其他外源基因连接到枯草杆菌细胞表达载体,并选择合适的转化方法,转化枯草杆菌,筛选阳性重组子,并对脂肪酶或其他外源基因的功能进行鉴定。

三、实验要求

1. 实验目的

学习 PCR 扩增、PCR 产物纯化、酶切与载体连接、转化枯草杆菌等基本操作,学会外源基因在枯草杆菌中进行表达的方法和步骤。掌握枯草杆菌转化的方法,如化学转化法、原生质体转化法、电转化法等。

2. 实验内容

应用 PCR 技术从金黄色葡萄球菌 JH 的 DNA 中克隆出脂肪酶基因,利用基因重组技术构建脂肪酶基因的分泌表达载体,并在枯草杆菌中分泌表达。

要求利用实验室现有的资源,选择合适的目的基因如脂肪酶基因或其他外源基因,在教师的指导下制订实验方案,设计合成引物,从供体菌中 PCR 扩增目的基因,选择合适的载体,如 pUB110、pHT 载体等。学习外源基因的 PCR 扩增、PCR 产物纯化、酶切与载体连接等基本操作,学会外源基因在枯草杆菌中进行表达的方法和步骤。

查阅资料,分小组制订实验方案,确定具体操作步骤。

由于本实验需要耗费的时间比较长,涉及的内容较多且较为复杂,建议用于专业实验周,或者结合学生的科技创新计划等项目实施。

四、实验报告

要求给出实验目的、设计方案及实验技术路线、实验方法和步骤、实验结果和分析,列出参考文献。

第一部分　脂肪酶或其他外源基因的克隆及重组载体的构建

设计要求:

(1) 目的基因及供体菌的选择:如淀粉酶基因、蛋白酶基因等。

(2) 引物的设计合成。

(3) 重组载体的构建:如由德国拜罗伊特大学遗传研究所的沃尔夫冈·舒曼实验室开发的枯草杆菌表达载体 pHT01 和 pHT43,允许在细胞质中高水平表达重组蛋白,其中 pHT43 载体引导重组蛋白到培养基。这两个载体基于强 σ^A-依赖性启动子的枯草杆菌 *groE* 操纵子。通过添加 *lac* 操纵子改造成一种高效可控的(IPTG 诱导的)启动子。

选择大肠杆菌和枯草杆菌的穿梭表达载体可以首先在大肠杆菌进行重组载体的构建,方便实验操作。

第二部分　转化宿主枯草杆菌及阳性转化子的筛选、功能鉴定

设计要求:

(1) 选择合适的转化方法,电转化法是常用的高效转化的方法。

(2) 阳性转化子的筛选鉴定方法应根据外源基因的种类确定,如通过形成透明圈、生长表

型变化、酶活性测定方法等对外源基因的表达进行鉴定。

本实验与实验 17 可以根据实验室具体情况选择实施。

实验 17 外源基因在酵母细胞中表达及表达产物的研究

一、实验类型

给定选题的综合设计性实验。

二、基本内容

利用已经掌握的分子生物学基础知识和实验技术，自行设计实验方案，将外源基因连接到酵母细胞表达载体，并选择合适的转化方法转化至宿主细胞（酿酒酵母），筛选阳性重组子，并对外源基因的功能进行鉴定。

三、实验要求

1. 实验目的

学习外源基因的 PCR 扩增、PCR 产物纯化、酶切与载体连接等基本操作，学会外源基因在酵母菌中表达的方法和步骤。掌握酵母转化的方法，如乙酸锂转化法、PEG 法、原生质体转化法、电转化法等。

2. 实验内容

要求在教师的指导下利用实验室现有的资源，选择合适的目的基因，设计合成引物，从供体菌中 PCR 扩增目的基因，选择合适的载体和宿主，如酿酒酵母、毕赤酵母等。

查阅资料，分小组制订实验方案，确定具体操作步骤。

由于本实验需要耗费的时间比较长，涉及的内容较多且较为复杂，建议用于专业实验周，或者结合学生的科技创新计划等项目实施。

四、实验报告

要求给出实验目的、设计方案及实验技术路线、实验方法和步骤、实验结果和分析，列出参考文献。

第一部分　外源基因的克隆及重组载体的构建

设计要求：

(1) 目的基因及供体菌的选择：如淀粉酶基因、蛋白酶基因等。

(2) 引物的设计合成。

(3) 重组载体的构建：如美国 Invitrogen 公司的产品 pGAPZ 和 pGAPZα，是一种不需甲醇诱导而能表达外源蛋白的毕赤酵母载体。pGAP 系列是典型的组成型酵母表达载体，为穿梭型表达载体，能在大肠杆菌和酵母中进行遗传复制。Novagen 公司的产品酵母表达载体 pYX212 为细菌酵母穿梭载体，带有 TPI 强启动子。

选择大肠杆菌和酵母的穿梭表达载体，可以首先在大肠杆菌进行重组载体的构建，方便实验操作。

第二部分　转化宿主酵母菌及阳性转化子的筛选、功能鉴定

设计要求：

(1) 选择合适的转化方法，电转化法是常用的高效转化的方法。

(2) 阳性转化子的筛选鉴定方法应根据外源基因的种类确定，如通过形成透明圈、生长表型变化、酶活性测定方法等对外源基因的表达进行鉴定。

第12章 利用分子生物学技术进行细菌的种属鉴定

12.1 微生物分类鉴定方法的发展

菌种鉴定工作是微生物学研究的重要内容，是微生物学实验室最基本的工作。传统的微生物系统分类一般是根据菌落的形态特征和生理生化特性进行，主要包括三个步骤：①获得该微生物的纯种培养物；②测定一系列必要的生理、生化反应及免疫学特性等指标；③查找权威性的鉴定手册。

近几十年来，随着分子遗传学和分子生物学技术的迅速发展，传统微生物分类鉴定发生了巨大的变革，许多新技术和方法在微生物分类中得到广泛应用，使微生物分类鉴定从一般表型特征的鉴定，深化到遗传特性的鉴定。

目前，通常把微生物的鉴定技术分为四个水平。①细胞水平。例如：观察细胞的运动性、形态特征，分析细胞的酶反应、营养要求和生长条件等。②细胞组分水平。分析细胞成分，主要包括细胞壁成分、细胞氨基酸库、脂类、醌类和光合色素等。所用的技术除常规实验室技术外，还包括红外光谱、气相色谱和质谱分析等技术。③蛋白质水平。主要包括氨基酸序列分析、凝胶电泳和血清学反应等现代技术。④基因水平或 DNA 水平。包括核酸分子杂交(Souther 杂交和 Northern 杂交)、G+C 值测定、遗传信息的转化和转导、16S rRNA 序列分析、寡核苷酸组分分析和下一代核苷酸测序技术等。

传统的微生物学鉴定手段可能产生一些不良后果。例如：①造成微生物资源丢失。传统微生物分类依赖纯培养的分离方法，通过表型特征和细胞形态学观察，以及生理生化反应和细胞成分、结构比较分析来实现分类鉴定。能够人工培养的微生物仅占环境微生物的 0.1%～1.0%，绝大多数微生物无法通过培养得到菌体。因此，会造成大量的微生物资源丢失，导致在对微生物多样性的认识上存在一定的片面性。②不能正确地反映微生态。由于绝大多数菌体不能通过纯培养获得纯培养物，因此在实际环境中占主要地位或含量很高的菌群在人工培养基上无法培养或生长很差，而另外一些在特定环境下不占优势的菌种，由于适合培养基的生长而达到富集，造成某些菌体的实际含量和作用被高估，影响研究结果的正确性和准确度，甚至会使我们对特定环境的微生态产生错误的理解和认识，干扰对微生物生态学、遗传学、病理学等许多重要研究的进程和发展。③难以保证分类的准确性和科学性。根据形态特征、理化特性和菌体某些化学成分进行微生物分类鉴定时，涉及的菌株指标有限，许多鉴定方法仅局限于某些微生物的分类,应用范围比较狭窄。而且,有些鉴定方法烦琐、耗时,不能或难以用于实时监测种群结构的动态变化。

随着现代生物技术的飞速发展,16S rDNA 序列分析技术在微生物分类鉴定及分子检测中得到了广泛的应用。16S rDNA 既有保守区域,又有高变区域,是生物的种属鉴定的重要分子基础,以 16S rDNA 为目的的现代分子生物学技术能精确地揭示微生物种类和遗传的多样性,已成为目前微生物分类鉴定的主要依据。该方法突破了传统微生物培养方法的种种限制,且操作方便、检测快速、准确、灵敏度高,已被广泛应用到菌种鉴定、群落对比分析、群落中系统发育及种群多样性的评估等领域,成为一种客观和可信度较高的分类方法。

12.2 16S rDNA 分类鉴定技术的原理

原核生物的 rRNA 有三种类型,即 23S rRNA、16S rRNA 和 5S rRNA,它们分别含有2900个、1540 个和 120 个核苷酸。5Sr RNA 虽易分析,但核酸数量太少,缺少足够的遗传信息以用于分类研究,23S rRNA 含有的核苷酸几乎是 16S rRNA 的两倍,但信息量过大,分析比较困难。大量的研究证明,16S rRNA 的长度适中,所含信息量充足且易于分析。

20 世纪 60 年代末,Woese 开始采用寡核苷酸编目法对生物进行分类,他通过比较各类生物细胞的核糖体 RNA 特征序列,认为 16S rRNA 及与其类似的 6S rRNA 基因序列(16S rDNA及与其类似的 6S rDNA)作为生物系统发育指标最为合适。在相当长的进化过程中,16S rDNA分子的功能几乎保持恒定,而且其分子排列顺序中有些部位变化非常缓慢,以致保留了古老祖先的一些序列,所以利用这种排列顺序可以检测出微生物种系发生上的深远关系。16S rDNA 结构既具有保守性,又具有高变性。保守性能够反映微生物种群的亲缘关系,为系统发育重建提供线索;高变性则能揭示出微生物种群的特征核酸序列,是种属鉴定的分子基础。

16S rRNA 为细菌核糖体 RNA 的一个亚基,而 16S rDNA 是编码该亚基的基因。在细菌的 16S rDNA 中有多个高度保守区段,根据这些高度保守区段可以设计出细菌鉴定的通用引物,用来扩增出所有细菌的 16S rDNA 片段,这些引物对细菌具有一定的特异性,一般不会出现在非细菌生物中。通过分析细菌 16S rDNA 可变区的差异可以进行不同细菌的种属鉴定。随着核酸测序技术的发展,越来越多的细菌 16S rDNA 序列被测定并收入国际基因数据库中,使细菌 16S rDNA 分类鉴定技术更加完善、准确和方便快捷。

综上所述,细菌 16S rDNA 分类鉴定技术的基本原理就是:提取细菌 16S rDNA 的基因片段,通过酶切、探针杂交、特异片段克隆及测序等技术获得 16S rDNA 的序列信息,再与 16S rDNA 数据库中的序列数据进行比较,确定其在进化树中的位置,从而鉴定样本中可能存在的微生物种类、分类地位及种属关系。

MEGA(molecular evolutionary genetics analysis)遗传进化分析软件是一款可以免费下载、操作简单、功能强大、应用广泛的分析软件。它根据获得的综合的序列信息,可以从多基因家族的同源基因序列或不同的物种的特异碱基序列,甚至蛋白质序列进行进化分析,进而建立物种间的遗传距离矩阵,形成进化关系树。该软件的主要特点包括:①推测序列或者物种间的进化距离;②根据 MCL 方法(maximum composite likelihood method)构建系统发育树;③考虑到不同碱基替换的不同比率,分析碱基转换和颠换的差别;④随时可以使用标注,而且标注的内容可以被保存、复制。

通过提取基因组 DNA、PCR 扩增 16S rDNA 序列、测序及序列比对获得亲缘关系较近的物种遗传信息，再利用 MEGA 对所获得的遗传信息进行系统发育分析，从而获得未知物种和已知物种的遗传距离，确定未知物种的分类地位，达到对未知微生物种属关系鉴定的目的。

实验 18　利用 16S rDNA 序列分析技术进行细菌种属的鉴定

一、实验目的

(1) 掌握根据 16S rDNA 对细菌进行分类的原理及方法。

(2) 掌握细菌 DNA 提取、DNA 片段回收和进化树分析等实验技能。

二、实验内容

本次实验内容(图 12-1)包括细菌的培养、基因组 DNA 的提取和纯化、16S rDNA 片段的 PCR 扩增、特异片段的回收和克隆，以及细菌特异 16S rDNA 序列测定和遗传信息的同源性分析等。

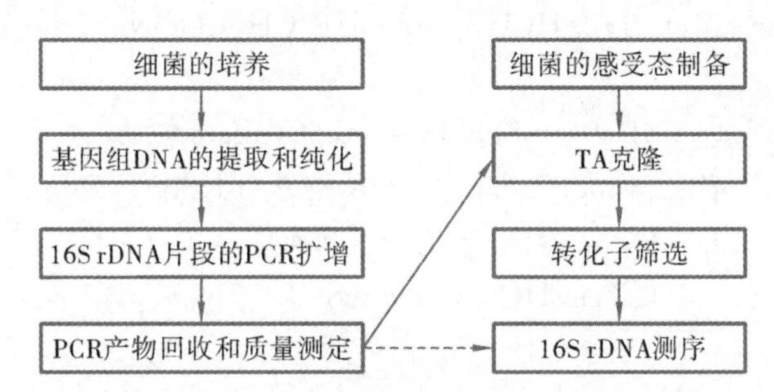

图 12-1　利用 PCR 技术进行细菌种属的鉴定实验路线图

虚线部分为其他路线。

三、实验原理

利用 PCR 技术获得未知细菌菌株的 16S rDNA 的基因序列，然后在 GenBank 数据库中将未知菌株的 16S rDNA 碱基序列与已知微生物 16S rDNA 的碱基相比较，筛选出具有相似 16S rDNA 序列的菌株群，利用 MEGA 等聚类分析软件对未知菌株与已知菌株在可变区存在的差异程度进行分析，确定未知菌株与已知菌株之间的同源关系，建立整个菌株菌体的进化树。在进化树中分析未知菌株进化的过程，比较各分值之间的同源关系。当同源性数值大于 95％时，即可确定此树枝上的所有菌株为同一属；当同源性数值大于 98％时，即可确认此树枝上的菌株为同一种。

四、实验仪器、材料和试剂

1. 仪器

高速冷冻离心机、恒温水浴锅、离心管、制冰机和微量紫外分光光度计等。MEGA-5.2 软件:从 http://www.megasoftware.net/下载,并安装在计算机上。

2. 材料

由 Takara 公司合成 PCR 扩增引物。引物序列见表 12-1。

表 12-1　实验使用引物信息表

引物名称	引物序列	T_m(退火温度)	用　途
16S rDNA-27F	AGAGTTTGATCCTGGCTCAG	55 ℃	扩增细菌的 16S rDNA 序列
16S rDNA-1492R	GGTTACCTTGTTACGACTT		
M13-R(-47)	CACACAGGAAACAGCTATGAC	55 ℃	PCR 鉴定 16S rDNA 重组载体
M13-F	CGCCAGGGTTTTCCCAGTCACGAC		

3. 试剂

(1) LB 培养基:Tryptone(胰蛋白胨) 10 g、酵母提取物 5 g、NaCl 10 g、水 1 L。若配制固体培养基,则再加入 15 g Agar(琼脂)。

(2) 凝胶回收缓冲液:20 mmol/L Tris-HCl(pH8.0)、1 mmol/L $EDTANa_2$(pH8.0)。

(3) 裂解液:40 mmol/L Tris-HCl、20 mmol/L CH_3COONa、1 mmol/L $EDTANa_2$、1% SDS,pH7.8。

(4) 基因克隆试剂盒:pMD 18-T Simple Vector(Takara)。

(5) 5 mol/L NaCl 溶液、3 mol/L CH_3COOK 溶液(pH8.0)、氯仿、苯酚、无水乙醇、Tris-平衡酚、异戊醇、10 mol/L NH_4Ac 溶液等,均为分析纯。

(6) TE 溶液:10 mmol/L Tris-HCl, 0.1 mmol/L EDTA,pH8.0。

(7) 灭菌双蒸水。

五、实验步骤和方法

1. 细菌的培养和微量基因组 DNA 的提取

(1) 从 LB 平板培养基上挑选单菌落,接种于 5 mL LB 液体培养基中,适当温度下,用摇床振荡(150～300 r/min)培养过夜。(★根据细菌最适的培养温度设定培养温度。)

(2) 取 1～1.5 mL 菌体培养物于灭菌离心管中,12000 r/min 离心 1 min,弃去上清液,收集菌体。(★尽量去尽上清液,可以采用两次离心法用微量移液器吸取上清液。)

(3) 加入 400 μL 裂解液吸打混匀,37 ℃水浴 1 h。(★操作过程中将菌团彻底分散,以防止裂解不彻底。)

(4) 然后加入 200 μL 5 mol/L NaCl 溶液,混匀后 13000 r/min 离心 15 min。(★操作过程中防止吸到细胞碎片。)

(5) 取上清液,用苯酚抽提 2 次,氯仿抽提 1 次。(★苯酚和氯仿均有毒性,要避免飞溅入眼睛等部位;本步骤主要是去除蛋白质,在吸取上层水相时要注意避免吸到有机相和蛋白膜。)

(6) 加两倍体积无水乙醇,1/10 体积 3 mol/L CH_3COOK 溶液(pH8.0),−20 ℃保存 1 h。

(7) 13000 r/min 离心 15 min，弃上清液，沉淀用 70%乙醇洗 2 次。

(8) 室温下干燥后，溶于 50 μL TE 溶液中，4 ℃保存备用。

(9) 按 1 μL 上样缓冲液加 5～10 μLDNA 样品的比例配制检测液，旋涡混匀，瞬时离心，点样进行电泳；在 1%琼脂糖凝胶上点样电泳。EB 染色，紫外观察。(★EB 为强致癌试剂，使用过程中注意做好防护措施，避免其沾染皮肤和衣物。)

2. 细菌 16S rDNA 的 PCR 扩增

(1) 调整细菌基因组 DNA 模板浓度至 10～100 ng/μL。

(2) 按下列体系配制反应混合液，混匀，3000 r/min 离心 5 s。(★将管壁上黏附的液体回流到管底。)

质粒 DNA	1 μL(约 10 ng)
10 × 缓冲液	2.0 μL
Primer F(10 μmol/L)	0.2 μL
Primer R(10 μmol/L)	0.2 μL
dNTP(2 mmol/L)	2.0 μL
Taq(5 U/μL)	0.2 μL
加灭菌双蒸水至	20 μL

(3) 反应体系配制完成以后，将 PCR 管放置于 PCR 仪中。

(4) 将 PCR 仪按下列反应程序进行循环条件设定：

95 ℃ 3 min
94 ℃ 1 min
55 ℃ 0.5 ～1 min
72 ℃ 1.5 min
72 ℃ 8～10 min
4 ℃暂停
} 34 次循环

(5) PCR 完成以后，将样品取出后在－20 ℃下保存备用。

(6) 检测：加 2 μL 溴酚蓝，混匀，瞬时离心，取 15 μL 反应产物点样电泳；在 1%琼脂糖凝胶上点样电泳。EB 染色，紫外观察。

3. PCR 产物的回收和质量测定

(1) 用一把锋利的刀片或剃刀切下含特异电泳产物的琼脂糖凝胶，转移至离心管中，并称量获得凝胶的质量。(★操作过程中尽量少切割到空白胶。)

(2) 加约 5 倍质量的回收缓冲液，盖好管盖，于 65 ℃温育 10 min。

(3) 待溶液冷却至室温后，加等体积的 Tris-平衡酚，混匀，室温下 10000 r/min 离心 10 min。

(4) 取水相，再用酚-氯仿-异戊醇(25 ∶ 24 ∶ 1)溶液和氯仿-异戊醇(24 ∶ 1)溶液各抽提 1 次。

(5) 取水相，加入 0.2 倍体积的 10 mol/L NH_4Ac 溶液和 2 倍体积预冷的乙醇。室温下放 10 min，然后 12000 r/min、4 ℃离心 20 min。

(6) 弃上清液，用 70%乙醇洗沉淀 1～2 次。室温干燥后，将沉淀溶于 30～50 μLTE 溶液或灭菌双蒸水中，－20 ℃保存备用。

(7) 回收产物进行紫外检测，获得含量和纯度。(★目前，市场上已有技术成熟的凝胶回收试剂盒,为了保证较高质量的回收效果,建议根据需要使用试剂盒回收。)

4. 16S rDNA 克隆载体的构建和序列测定

(1) 细菌感受态制备、16S rDNA 产物的连接(★按照 TA 克隆试剂盒(Takara)说明书进行操作)、转化和筛选。(★实验方法参见实验 5 和实验 8。)

(2) 16S rDNA 克隆载体质粒的提取和检测。(★实验方法参见实验 3。)

(3) 16S rDNA 的序列测定。

① 质粒的质量鉴定:a. 打开微量紫外分光光度计,预热 10 min;b. 取 1 μL 质粒 DNA 溶液,置于微量紫外分光光度计样品池中;c. 读取微量紫外分光光度计 OD_{260} 和 OD_{280} 值;d. 计算 OD_{260}/OD_{280} 值,如果此比值在 1.6～2.0,说明质粒 DNA 纯度满足实验要求;e. 利用公式

$$\text{DNA 样品的浓度}/(\mu g/\mu L)=OD_{260}\times\text{稀释倍数}\times 50/1000$$

计算出质粒 DNA 的浓度,当浓度大于 100 ng/μL 时,即可满足后续实验要求。

② 将质量合格的质粒送测序公司测序。(★附带 M13 引物或要求公司用 M13 引物测序。要求双向测序,单向测通,由于测序技术本身的限制,每个测序反应仅有 700 bp 左右比较准确,对于 1.5 kb 左右的 16S rDNA 序列,需要测定 3 个质粒以上。)

③ 利用 DNAMAN 分析软件去掉载体碱基序列,获得的序列即为实验微生物 16S rDNA 序列。

5. 细菌 16S rDNA 信息的分析

(1) 访问网址 http://www.ncbi.nlm.nih.gov/,点击 Blast 菜单进入其界面。

(2) 点击 nucleotide blast 链接,将测序获得的 16S rDNA 序列复制到 Enter Query Sequence 的输入框内,并将 Choose Search Set 中的 Database 选择为 Others。

(3) 点击该网页下面的 BLAST 链接,进入其界面。

(4) 在 Description 界面下选择 All,然后点击 Download 菜单,并选择 FASTA(complete sequence)命令,选择 Continue 菜单。

(5) 出现保存界面以后,保存为 seqdump.text 文件。

(6) 将测定的未知序列以 FASTA 形式录入 seqdump.text 文件中并保存。

(7) 打开 MEGA-5.2 软件,进入 Align 菜单,点击 Edit/Build Alignment。执行 Creat a New Alignment 命令,在 Datatype for Alignment 选择 DNA(如果是蛋白质序列,选择 Protein)。

(8) 点击 Edit 菜单,执行 Insert Sequence form File 命令,载入 seqdump.text 文件。

(9) 执行 W 菜单中的 Align DNA 命令,在出现的菜单中设置相关参数后,点击 OK。

(10) 比对完成以后,点击 Date 菜单,执行 Export Alignment 中的 MEGA Format 命令。点击保存,在 Title 中输入名称,按提示一直执行即可。

(11) 回到 MEGA-5.2 主界面,点击 File 菜单中的 Open a File/Session 命令,在选择菜单中找到保存的文件,点击打开即可。

(12) 在主菜单界面,点击 Analysis 菜单,根据实验的需要选择 Phylogency 中的命令。(★一般选择 Construct/Test Neighbor Analysis-Joining Tree Phylogeny 命令。)

(13) 执行上述命令后,出现 Used the Active File 界面,点击 Yes,出现设置菜单,将菜单中的 Test of Phylogeny 设置为 Bootstrap Method,并将紧邻其下的一栏设置为 1000,点击 Continue,等待命令执行。

(14) 命令完成以后,出现进化系统树。(★在左侧,根据实验需要,选择所建进化系统树

的格式。)

(15) 根据 16S rDNA 序列同源性构建系统发育树,可以判断微生物物种之间同源性的远近,未知菌株与在同一聚类分支的菌株同源性数值大于 95%,即可认为属于同一属;未知微生物的 16S rDNA 序列与聚类树最近分支上的已知菌株同源性数值大于 98%,即可认为属于同一种。

六、作业与思考题

1. 作业

(1) 根据实验结果,对所建进化树进行描述和说明。

(2) 在 GenBank 数据库中随意查找一段序列,进行聚类分析和建树。

2. 思考题

(1) 为什么选用 16S rDNA 的信息建立进化树?

(2) 真核生物可以用 16S rDNA 测序技术进行种属鉴定吗? 如果能,如何利用 16S rDNA 测序技术进行真核生物的种属鉴定?

第13章 基因表达差异的分析

高等生物含有3万～5万个不同的基因，其中仅有约15%得到表达。基因表达的变化是细胞调控生命活动过程的核心机制，因此，分析基因表达的差异不仅在发育、分化和突变等研究领域有着极大的应用价值，而且已成为基因克隆的有效手段之一。分析基因表达差异的技术主要有差减杂交（subtractive hybridization，SH）、mRNA差异显示反转录PCR（mRNA differential display reverse transcription PCR，DDRT-PCR）、cDNA代表性差异分析（cDNA representational difference analysis，cDNA-RDA）和抑制消减杂交（suppression subtractive hybridization，SSH）等。尽管这些具有代表性的方法均不完善，不能通过它们得到所有的差异表达基因，但已经有大量的重要基因通过这些方法得到了分离和鉴定。

13.1 差减杂交

差减杂交是用两种遗传背景相同或大致相同而功能不同的材料，分别提取mRNA或反转录成cDNA，在一定的条件下进行杂交，选择性地去除两部分共同基因杂交形成的复合物，将含有目的基因的未杂交部分收集后克隆到载体中并形成文库。目前，差减杂交方法主要有以下几种。

1. 羟磷灰石柱层析法

羟磷灰石柱层析法（HAP）的原理是实验样品mRNA反转录成cDNA后，与过量的驱动方mRNA杂交，将杂交混合物通过羟磷灰石柱，杂交部分cDNA-mRNA被吸附，而含有目的基因未杂交的cDNA被洗脱收集。该方法相对简单，但在实际应用中存在一些问题：① 需要大量样品mRNA，有些实验很难达到这一要求；② 层析过程中较高的温度会使mRNA降解；③ HAP本身结构复杂，操作过程中会稀释杂交后的样品。所以该方法现在很少应用。

2. 生物素标记、链亲和素蛋白结合排除法

Sive和John用生物素标记驱动方mRNA或cDNA，实验方mRNA反转录成单链或双链cDNA后与驱动方杂交，混合物中加入一定量的链亲和素蛋白，链亲和素与生物素结合形成链亲和素-生物素-cDNA-mRNA复合物，用1∶1的苯酚、氯仿抽提该复合物，未杂交的含有目的基因的上清液被收集。为提高标记效率，现在一般采用光敏生物素代替dUTP-生物素标记核酸，原理是在强光照射下，光敏生物素中的N_3释放出N_2气，生成反应活性极高的氮烯，它易与核酸中的伯胺基团结合而形成共价标记，这样标记效率大大提高。

该方法目前仍在广泛使用，是构建差减杂交文库的基本方法。虽然该方法在杂交效率方面有了较大的提高，但仍存在一些不足之处：①要求驱动方核酸量仍很大；②杂交过程中高浓度的线状核酸分子易形成网络，降低杂交效率；③利用酚-氯仿抽提杂交混合物会使目的基因损失较多。

3. 磁珠介导的差减法

磁珠介导的差减法原理是将 dT_{25} 固定在涂有链亲和素蛋白的磁珠上，首先用其与驱动方总 RNA 在一定条件下混合杂交，以捕获其中的 mRNA，以 dT_{25} 为引物，以捕获的 mRNA 为模板，新合成链的 5′端被吸附在磁珠上。用这一带磁珠的驱动方单链 cDNA 与实验方 mRNA 混合，凡是与驱动方同源的序列可杂交形成磁珠-cDNA-mRNA 复合物。用磁架收集混合物，经过几轮差减后，实验方剩下的 mRNA 就是异常表达的目的基因。将其反转录成双链 cDNA 后装入载体，就可以构建差减文库。

该方法的优点如下：① 操作简单、快捷，可避免用生物素标记的烦琐过程；② 在一定条件下将捕获的 mRNA 去除后得到的磁珠-cDNA，可反复使用；③ 相对于非 PCR 的方法而言，材料用量少，产物收集效率较高，一般驱动方是实验方的 5 倍；④ 构成的文库是全长 cDNA 文库，含有完整的基因，筛选到有价值的基因后可直接用于转基因研究。

该方法的缺点是，虽然通过减少驱动方 cDNA 含量可降低杂交时形成网络的程度，但同样会遇到全长 cDNA 杂交效率不高的问题。尽管如此，该方法仍是构建全长 cDNA 用得较广泛的方法。

13.2 mRNA 差异显示反转录 PCR

DDRT-PCR 技术是由 Liang 和 Pardee 在 1992 年建立的。其基本原理是利用真核细胞 mRNA 均含 poly(A)末端，以及 poly(A)上游 2 个碱基只有 12 种组合，即 AT、AC、AG、TT、TC、TG、CT、CC、CG、GT、GC、GG 的特点，设计 3′-引物 $T_{11\sim12}$MN(M 为 A、G、C 中的任一种，N 为 A、G、C、T 中的任一种)，分别与总 mRNA 进行反转录，从而获得 12 份 cDNA；再以 cDNA 为模板，以上述 $T_{11\sim12}$MN 为下游引物，另一随机寡核苷酸引物(如 10 mer 随机引物)为上游引物进行 PCR 扩增。理论上，5′端引物随机结合在 cDNA 上，且每一条 cDNA 均有扩增机会，获得大小不同的扩增片段。扩增时掺入同位素标记的单核苷酸，扩增结束后进行放射自显影，如果模板 cDNA 存在差异，即可显示差异表达的 DNA 片段。可通过回收目的 cDNA，经杂交、克隆和测序进行鉴定。该方法原理简单，技术成熟，灵敏度高，可同时比较两种以上不同来源的 mRNA 样品间基因表达的差异。但该方法假阳性率高，最高达 70%。

13.3 cDNA 代表性差异分析

cDNA-RDA 是 1994 年由 Hubank 和 Schatz 以基因组 DNA 代表性差异分析(representational difference analysis，RDA)技术为基础改进而来。其原理是将基因消减杂交与 PCR 技术结合，从两个基因组筛选差异序列，在这个技术上加以改进，并应用于 mRNA 的差异分析，即为 cDNA-RDA。

双链 cDNA 用识别 4 个碱基的限制性核酸内切酶进行消化后，将产生平均大小为 256 bp 的 DNA 片段，因此细胞中绝大多数表达的基因至少有两个酶切位点。对照组和实验组的双链 cDNA 经酶切后,两端连接上特定的接头,用相应的引物进行 PCR 扩增,得到具有代表性的产物"扩增子",分别称为对照组(D)和实验组(T),虽然经过酶切和扩增,产物仍可代表原来 cDNA 样本的全部信息。扩增后将 T 和 D 再分别酶切,连接不同的连接头,进行消减杂交,两组中均存在的相同序列将形成异源杂交体(T/D),差异序列形成同源杂交体(T/T 或 D/D)。用 T(D)特异的引物进行 PCR 扩增,并去掉来源于 T/D 的线性扩增产物,将得到存在于T(D)中差异表达的基因片段。对差异产物进行 2～3 轮的 PCR 富集,可清晰地呈现在普通琼脂糖凝胶上。

cDNA-RDA 的优点如下:①高效性:由于进行了 PCR 富集,与传统的消减技术相比,更加敏感,可以筛选出低拷贝数的差异基因,操作上也更加简便易行。②可靠性:结果重复性好,假阳性率非常低。cDNA-RDA 也存在一定的局限性:①得到的差异片段是 300～600 bp 的小片段,要获得全长 cDNA 必须进行 cDNA 文库的筛选;②在极低拷贝数差异基因的筛选上虽然已进行了改进,但仍然有部分极低拷贝数的基因被漏掉。

13.4 抑制消减杂交方法

抑制消减杂交(SSH)方法是以抑制 PCR(suppression PCR)基础,由 Clontech 公司、加州大学旧金山分校和俄国科学院于 1996 年合作提出的,实际是 DNA 扣除杂交方法。所谓抑制 PCR,是利用非目标序列片段两端的反向重复序列,在退火时产生"锅-柄"结构,无法与引物配对,从而选择性地抑制非目标序列的扩增,同时根据杂交的二级动力学原理,丰度高的单链 cDNA 退火时产生同源杂交的速度要快于丰度低的单链 cDNA,从而使得有丰度差别的单链 cDNA 相对含量基本一致。

其基本过程如下:将 cDNA 用 *Rsa* Ⅰ 或 *Hae* Ⅲ 酶切,以产生大小适当的平末端 cDNA 片段,将实验方 cDNA 分成均等的两份,各自接上两种接头,与过量的驱动方 cDNA 杂交,产生四种产物:①单链实验方 cDNA;②自身退火的实验方 cDNA 双链;③实验方和驱动方的异源双链;④自身退火的驱动方 cDNA 双链。第一次杂交的目的是实现实验方单链 cDNA 均等化,使原来有丰度差别的单链 cDNA 相对含量达到基本一致。第一次杂交后,合并两份杂交产物,再加上新的变性驱动方单链,再次杂交,此时只有第一次杂交后,经均等化的差异表达的单链 cDNA 形成含有不同接头的双链分子。这次杂交进一步富集了差异表达基因的 cDNA,由于有两个不同的接头,因此它在以后的 PCR 中能够被有效地扩增。

SSH 技术与其他技术相比有以下特点:①速度快,效率高。一次 SSH 反应可同时分离几十或上百个差异表达的基因。②阳性率高。Stein 等的研究发现,SSH 的阳性率可达 94%。③敏感程度高。由于 SSH 用 *Rsa* Ⅰ 或 *Hae* Ⅲ 酶切后产生许多 cDNA 片段,可提高差别 cDNA 的检出率。同时由于 SSH 中采用了均等化和富集目标序列片段的方法,也可保证低丰度 mRNA 的检出。④实验结果较为简单。SSH 技术由于采用了接头、差减杂交及两轮抑制性 PCR 扩增,可大量扩增那些差异表达的 cDNA 片段,并可减少复杂性。⑤SSH 的关键点是 cDNA 与接头的连接,如果连接效率不高,则难以发现某些差异表达的基因。⑥本技术的最大障碍是实验中所需的 mRNA 量较大,一般为几微克,因而某些特殊样本不易获得,可在 SSH 前将样本进行扩增弥补这一缺点,但此法可能导致某些序列片段的丢失。⑦SSH 中的二次扣除杂交均需要过量的驱动方 cDNA,可能掩盖实验方 cDNA 中某些表达有丰度差别的 cDNA。

实验19　半定量RT-PCR技术检测基因的表达差异

一、实验类型

设计性实验。

二、实验目的

(1) 学习和掌握基因特异性引物的设计方法。

(2) 学习和掌握提取和鉴定RNA的原理和方法。

(3) 学习和掌握PCR产物的灰度扫描方法。

(4) 学习和掌握用半定量RT-PCR对基因表达水平进行相对定量的原理和方法。

三、实验内容与基本要求

1. 查阅资料及选题

教师首先介绍半定量RT-PCR检测基因的表达差异的原理和方法，指导学生获得相关的资料，并指导学生以小组为单位选择要检测的目的基因及实验材料。最后由教师根据实验室具备的条件、所需时间及实验经费等情况审阅并确认学生所选题目。

2. 拟定实验提纲

学生对所选题目，提出拟选实验中的主要问题、重点和难点，写出实验方法和步骤；列出所需仪器设备、材料和试剂等用品；进行时间安排；分析预期的主要结果，拟定出实验提纲并交教师审阅、修改和完善。

3. 准备实验

在教师的帮助下，根据拟定的实验提纲，以实验小组为单位进行实验的各项准备工作，包括实验用品的领取、玻璃器皿的清洗和试剂的配制等。

4. 实施实验

按照拟定的实验提纲中的实验方法和步骤，各实验小组独立实施实验，做好实验记录。

(1) RNA抽提：细胞和组织RNA的抽提按TRIzol操作程序进行。

(2) 反转录反应：以组织或细胞总RNA中的mRNA为模板，经反转录合成cDNA。

(3) RT-PCR扩增：DNase Ⅰ处理总RNA，37 ℃反应1 h。以GAPDH引物进行PCR扩增，检测有无基因组DNA(gDNA)残留。采用两步法RT-PCR：①反转录反应获得细胞或组织cDNA；②PCR，采用内对照GAPDH和设计的目的基因特异性引物，分别以细胞或组织cDNA为模板，进行PCR扩增。

(4) PCR产物的琼脂糖凝胶电泳检测与回收。将PCR产物于1.0%琼脂糖凝胶电泳，EB染色，照相。利用胶回收试剂盒回收纯化PCR产物。

(5) 进行PCR产物的灰度扫描及基因表达差异的分析，观察目的基因在不同细胞中的表达差异。

四、实验原理

1. cDNA的合成

以组织或细胞总RNA中的mRNA为模板,在反转录酶的作用下,以oligo(dT)或特异的下游引物合成与mRNA互补的cDNA片段。

所有合成cDNA的方法都要用依赖于RNA的DNA聚合酶(反转录酶)来催化反应。目前商品化反转录酶有从禽类成髓细胞瘤病毒纯化到的禽类成髓细胞病毒(AMV)反转录酶和从表达克隆化的Moloney鼠白血病病毒反转录酶基因的大肠杆菌中分离到的鼠白血病病毒(MLV)反转录酶。AMV反转录酶包括两个具有若干种酶活性的多肽亚基,这些活性包括依赖于RNA的DNA合成、依赖于DNA的DNA合成以及对DNA-RNA杂交体的RNA部分进行内切降解(RNase H活性)。MLV反转录酶只有单个多肽亚基,兼备依赖于RNA和依赖于DNA的DNA合成活性,但降解RNA-DNA杂交体中的RNA的能力较弱,且对热的稳定性较AMV反转录酶差。MLV反转录酶能合成较长的cDNA(可大于2 kb)。AMV反转录酶和MLV反转录酶利用RNA模板合成cDNA时的最适pH、最适盐浓度和最适温度各不相同,所以合成cDNA链时相应地调整反应条件是非常重要的。

AMV反转录酶和MLV反转录酶都必须有引物来起始DNA的合成。cDNA合成最常用的引物是与真核细胞mRNA分子3′端poly(A)结合的12～18个核苷酸长的oligo(dT)。

2. 半定量PCR内对照的选择与基因表达水平的相对定量分析

基因表达调控研究中,常需要对基因表达的水平进行定量比较,因此在RT-PCR技术的基础上又发展了半定量PCR。这种方法需要选择一个合适的内对照。由于PCR是指数扩增过程,反转录及扩增效率的很小差异就会导致扩增产物量的较大差异,以致定量不准确。影响反转录的因素有核苷酸序列的差异、ploy(A)尾的长度、PCR引物与poly(A)尾之间的距离等。影响PCR扩增效率的因素有模板、引物种类、dNTP、$MgCl_2$浓度、DNA聚合酶以及循环次数等,这些参数较易控制。另外,还有引物结合效率的问题,不同的引物具有不同的结合效率,它们可相差10^5倍,因此,进行定量PCR时要选用同一引物。

目前,用于半定量PCR的内对照如下:①在细胞中恒定表达的管家基因mRNA,如β-actin mRNA和GAPDH mRNA。该内对照的缺点是不能与待测mRNA共同使用一对引物,这样即使两者的反转录效率相同,其在同一反应中的扩增效率也不尽相同,因此只能用于相对定量。②待测mRNA本身的基因组DNA。该内对照的设立只考虑到两者能使用同一对引物进行PCR扩增,而忽视了反转录这一过程,因此,也只能用于相对定量。③将待测mRNA的基因组DNA(经改造)构建于*T7*启动子或*SP6*启动子控制之下,用相应的DNA聚合酶在体外进行转录而产生出与待测mRNA稍有不同的RNA分子(这样在PCR扩增后,电泳时扩增区带得以分开)。该内对照与待测mRNA分子均需反转录成cDNA,且能共用同一对引物进行PCR扩增,因此能用于mRNA分子的绝对定量。其缺点是每检测一种不同的mRNA均需如此构建相应的内对照。

3. 标准PCR扩增

聚合酶链式反应(PCR)是Kary Mullis于1985年发明的一种模拟天然DNA复制过程的核酸体外扩增技术。PCR是利用DNA聚合酶(如Taq DNA聚合酶)在体外条件下,催化一对引物间的特异DNA片段合成的基因体外扩增技术。它包括变性、退火和延伸三个基本步骤。这三个步骤组成一次循环,上一次循环合成的产物又作为下一轮扩增的模板,如此反复,靶 DNA 的拷贝数呈指数增长。一般一个靶 DNA 分子经 20 轮循环就可使靶 DNA 的拷贝数达百万之巨。

4. PCR 产物的琼脂糖凝胶电泳检测

琼脂糖英文名为 agarose，是由经过挑选、质地较纯的琼脂(agar)作为原料制成的。琼脂化学结构上是由琼脂糖和琼脂胶(agaropectin)组成的复合物。琼脂胶是一种含有磷酸根和羟基的多糖，它具有离子交换性质，这种性质将给电泳及凝胶过滤带来不良影响。琼脂糖是一种直链多糖，它由 D-半乳糖和 3,6-脱水-L-半乳糖的残基交替排列组成。琼脂糖和琼脂一样也能形成凝胶。形成凝胶主要是由于氢键。琼脂糖具有亲水性且不含带电荷的基团，因此很少引起生物化学物质的变性和吸附。

琼脂糖凝胶电泳是实验室中最早得到广泛应用的凝胶电泳，是分离鉴定核酸的常规方法。因为它具有以下优点：①琼脂糖凝胶中含有琼脂 1.0%～1.5%，在这种凝胶中电泳，近似自由界面电泳，但是样品的扩散度比自由界面电泳小；②琼脂糖凝胶电泳支持物均匀，电泳区带整齐，分辨率高，重复性好；③液相与固相无明显界限，电泳速度快；④琼脂糖凝胶透明而不吸收紫外光，可以直接用紫外检测仪进行定量测定；⑤区带易染色，样品易回收。

核酸分子在 pH 高于其等电点的电泳缓冲液中带负电荷，在电场中向正极移动。分子大小不同的核酸分子具有不同的电泳迁移率，而在电泳后处于凝胶的不同位置。影响其电泳迁移率的因素包括电荷效应和分子筛效应。前者由分子所带的净电荷决定，这与电泳时电流强度、电泳缓冲液的 pH 和离子强度有关；后者主要与核酸分子大小和其构象以及所用琼脂糖凝胶的浓度有关。

用于分离核酸的琼脂糖凝胶电泳可分为垂直型及水平型(平板型)。水平型电泳时，凝胶板完全浸泡在电泳缓冲液下 1～2 mm，故又称为潜水式。目前更多用的是后者，因为它制胶和加样比较方便，电泳槽简单，易于制作，又可以根据需要制备不同规格的凝胶板，节约凝胶，因而较受欢迎。

琼脂糖凝胶电泳常用缓冲液的 pH 在 6～9，离子强度为 0.02～0.05 mol/kg。离子强度过高时，会有大量电流通过凝胶，因而产生热量，使凝胶的水分蒸发，析出盐的晶体，甚至可使凝胶断裂，电流中断。为了防止电泳时两极缓冲液槽内 pH 和离子强度的改变，可在每次电泳后合并两极槽内的缓冲液，混匀后再用。

常用的电泳缓冲液有 EDTA(pH8.0)和 Tris-乙酸(TAE)、Tris-硼酸(TBE)或 Tris-磷酸(TPE)等，浓度约为 50 mmol/L(pH7.5～7.8)。电泳缓冲液一般配制成浓的贮备液，临用时稀释到所需倍数。TAE 缓冲能力较低，后两者有足够高的缓冲能力，因此更常用。TBE 浓溶液长期贮存会出现沉淀，为避免此缺点，室温下贮存 5×TBE 溶液，用时稀释 10 倍，0.5×TBE 溶液即能提供足够缓冲能力。

溴化乙锭(EB) 能插入核酸分子中形成复合物，在波长为 260 nm 的紫外光照射下 EB 可发出橘红色荧光，其荧光强度与核酸含量成正比。通过比较样品与一系列标准样品的荧光强度，就可估算出待测样品的浓度，灵敏度可达 1～5 ng。一般用 1.0%～1.5% 琼脂糖凝胶电泳(含最终浓度为 0.5 μg/mL 的 EB)检测 PCR 产物。

五、实验仪器、材料和试剂

1. 仪器

低温离心机、恒温水浴锅、台式离心机、琼脂糖凝胶电泳系统、恒温培养箱、高压灭菌锅、陶瓷研钵、微量移液器、吸头、紫外分光光度计、PCR仪、电泳仪、水平式电泳槽、微量离心管、微波炉、离心管、紫外光透射仪等。

2. 材料

各种动物组织、植物组织和细胞培养材料的总RNA。

3. 试剂

Reverse Transcription System(含反转录反应所需试剂)、0.1%DEPC(焦碳酸二乙酯)、75%乙醇、氯仿、异丙醇、无水乙醇、琼脂糖、dNTP、Taq DNA聚合酶、引物、10 mg/mL EB溶液、5×TBE电泳缓冲液(0.45 mol/L Tris、0.01 mol/L $EDTANa_2$、0.45 mol/L 硼酸,pH 8.0)、溴酚蓝指示剂(0.25%溴酚蓝、50%甘油)、DNA Marker。

六、实验步骤和方法

1. cDNA的合成

反转录反应,20 μL反应体系的配方:

$MgCl_2$(25 mmol/L)	4 μL
10×缓冲液	2 μL
dNTP(10 mmol/L)	2 μL
RNasin(40 U/μL)	0.5 μL
AMV反转录酶(24 U/μL)	0.6 μL
oligo(dT)	1 μL
RNA	2 μg
补足DEPC水至	20 μL

42 ℃水浴1 h,99 ℃保持5 min,−20 ℃保存。

2. 标准PCR扩增

采用GAPDH或目的基因序列特异性引物,分别以细胞或组织的cDNA为模板,进行PCR扩增。在20 μL反应体系中包含下列物质:

10×PCR缓冲液	2 μL
Taq DNA聚合酶	0.4 μL
dNTP(10 mmol/L)	0.4 μL
20 μmol/L上游引物	0.2 μL
20 μmol/L下游引物	0.2 μL
组织或细胞cDNA	0.8 μL(10 ng)

在PCR仪上完成PCR扩增,扩增条件如下:95 ℃预变性3 min,94 ℃ 40 s、55~60 ℃退火40 s、72 ℃ 50 s,28次循环,72 ℃ 10 min。

3. PCR产物的琼脂糖凝胶电泳检测

PCR产物于1.0%琼脂糖凝胶电泳检测。参考实验9。

4. PCR产物的灰度扫描及基因表达差异的分析

以GAPDH为内对照,RT-PCR产物条带用图像分析仪进行灰度扫描,用Imagemaster VDS图像分析软件测定产物条带的积分光密度值(IA值)。按下列公式计算目的基因的相对表达水平:

目的片段的相对表达强度=目的片段的IA值/GAPDH的IA值。

根据不同组织RT-PCR的结果，将目的片段在不同组织之间的相对表达强度值大于2或小于0.5作为差异表达的判断标准。

若是进行组间统计学分析，各组测定数据(目的片段的相对表达强度)用均数±标准偏差($\overline{x}\pm S$)表示。用单因数方差分析(one-way ANOVA)和q检验(Student-Newman-Keuls test)对样本均数进行比较，判断基因在各组间的表达差异。

七、实验时间安排

(1) 第一天：上午配制实验所需的各种试剂，准备实验所需的器皿；下午反转录合成cDNA。

(2) 第二天：上午进行PCR扩增和PCR产物的琼脂糖凝胶电泳检测；下午进行PCR产物的灰度扫描及基因表达差异的分析。

八、作业与思考题

1. 作业

提交实验结果：PCR产物的琼脂糖凝胶电泳检测图谱和基因表达差异的分析结果。

2. 思考题

PCR中常遇到哪些问题？进行原因分析，并提出解决方法。

附　录

附录A　常用单位及换算方法

1. 长度单位

1米(m)=10分米(dm)=100厘米(cm)=10^3毫米(mm)=10^6微米(μm)=10^9纳米(nm)=10^{10}埃(Å)

2. 体积单位

1升(L)=10分升(dL)=100厘升(cL)=10^3毫升(mL)=10^6微升(μL)

3. 质量单位

1千克(kg)=10^3克(g)=10^4分克(dg)=10^5厘克(cg)=10^6毫克(mg)=10^9微克(μg)=10^{12}纳克(ng)=10^{15}皮克(pg)=10^{18}飞克(fg)

4. 物质的量浓度单位

1 mol/L=10^3 mmol/L=10^6 μmol/L=10^9 nmol/L=10^{12} pmol/L

附录B　常用核酸、蛋白质换算数据

1. 分光光度换算

1单位OD_{260}对应的双链DNA浓度为50 μg/mL；

1单位OD_{260}对应的单链DNA浓度为37 μg/mL；

1单位OD_{260}对应的寡核苷酸浓度为33 μg/mL；

1单位OD_{260}对应的单链RNA浓度为40 μg/mL。

2. DNA物质的量与质量换算

1 μg 1000 bp DNA=1.52 pmol DNA=3.03 pmol末端

(不同物质换算时，等号的意义为“相当于”，下同。)

1 μg pBR322 DNA=0.36 pmol DNA

1 pmol 1000 bp DNA=0.66 μg DNA

1 pmol pBR322 DNA=2.8 μg DNA

1 kb双链DNA(钠盐)的相对分子质量=6.6×10^5

1 kb单链DNA(钠盐)的相对分子质量=3.3×10^5

1 kb单链RNA(钠盐)的相对分子质量=3.4×10^5

脱氧核糖核苷酸的平均相对分子质量=324.5

3. 蛋白质物质的量与质量换算

100 pmol M_r 为 100000 的蛋白质＝10 μg 蛋白质

100 pmol M_r 为 50000 的蛋白质＝5 μg 蛋白质

100 pmol M_r 为 10000 的蛋白质＝1 μg 蛋白质

氨基酸残基的平均相对分子质量＝110

4. 蛋白质与 DNA 换算

1 kb DNA＝333 个氨基酸编码容量＝1 mol M_r 为 3.7×10^4 的蛋白质

1 mol M_r 为 10000 的蛋白质＝270 bp DNA

1 mol M_r 为 30000 的蛋白质＝810 bp DNA

1 mol M_r 为 50000 的蛋白质＝1.35 kb DNA

1 mol M_r 为 100000 的蛋白质＝2.7 kb DNA

附录 C　核酸的单位及有关数据

1. 平均相对分子质量

每个脱氧核糖核苷酸碱基的平均相对分子质量＝324.5

每个脱氧核糖核苷酸碱基对的平均相对分子质量＝649

每个核苷酸碱基的平均相对分子质量＝340

双链(ds)DNA 的 M_r＝碱基对数×660

单链(ss)DNA 的 M_r＝碱基对数×330

RNA 的 M_r＝碱基对数×340

2. 转换关系

1 千碱基(kb)＝1000 个单核苷酸

1 千碱基对(kbp)＝1000 个双核苷酸

1 kb DNA(ds DNA 钠盐)的相对分子质量＝6.5×10^5

附录 D　常见核酸分子的长度和相对分子质量

核　　酸	核苷酸数	相对分子质量
λDNA	48502(环状，dsDNA)	3.0×10^7
pBR322 DNA	4363(dsDNA)	2.8×10^6
28S rRNA	4800	1.6×10^6
23S rRNA	3700	1.2×10^6
18S rRNA	1900	6.1×10^5
16S rRNA	1700	5.5×10^5

续表

核　　酸	核苷酸数	相对分子质量
5S rRNA	120	3.6×10⁴
tRNA(大肠杆菌)	75	2.5×10⁴

附录E　色素在聚丙烯酰胺凝胶中的移动参数

非变性聚丙烯酰胺凝胶电泳			变性聚丙烯酰胺凝胶电泳		
胶浓度	溴酚蓝	二甲苯氰蓝	胶浓度	溴酚蓝	二甲苯氰蓝
3.5%	100 bp	460 bp	5.0%	35 bp	130 bp
5.0%	65 bp	260 bp	6.0%	26 bp	106 bp
8.0%	45 bp	160 bp	8.0%	19 bp	70～80 bp
12.0%	20 bp	70 bp	10.0%	12 bp	55 bp
20.0%	12 bp	45 bp	20.0%	8 bp	28 bp

参考文献

[1] 朱旭芬. 基因工程实验指导[M]. 3 版. 北京:高等教育出版社,2016.
[2] 陈宏. 基因工程实验技术[M]. 2 版. 北京:中国农业出版社,2020.
[3] R E 法雷尔. RNA 分离与鉴定实验指南——RNA 研究方法[M]. 金由辛,刘建华,金言,等,译. 北京:化学工业出版社,2008.
[4] 王伯瑶,黄宁. 分子生物学技术[M]. 北京:北京大学医学出版社,2006.
[5] 魏群. 分子生物学实验指导[M]. 4 版. 北京:高等教育出版社,2021.
[6] 赵永芳. 生物化学技术原理及应用[M]. 5 版. 北京:科学出版社,2015.
[7] 梁国栋. 最新分子生物学实验技术[M]. 北京:科学出版社,2001.
[8] 张龙翔,张庭芳,李令媛. 生化实验方法和技术[M]. 2 版. 北京:高等教育出版社,1997.
[9] 刘进元. 分子生物学实验指导[M]. 北京:清华大学出版社,2004.
[10] 赵亚力,马学斌,韩为东. 分子生物学基本实验技术[M]. 北京:清华大学出版社,2006.
[11] 牛建章. 实用分子生物学实验指南[M]. 保定:河北大学出版社,2004.
[12] 李钧敏. 分子生物学实验[M]. 杭州:浙江大学出版社,2010.
[13] 汪天虹. 分子生物学实验[M]. 北京:北京大学出版社,2009.
[14] 刘庆昌. 遗传学[M]. 北京:科学出版社,2007.
[15] 孙群. 分子生物学与细胞生物学基础实验教程[M]. 北京:中国林业出版社,2010.
[16] 严海燕. 基因工程与分子生物学实验教程[M]. 武汉:武汉大学出版社,2009.
[17] 张爱联. 生物化学与分子生物学实验教程[M]. 北京:中国农业大学出版社,2009.
[18] 安建平,王延璞. 生物化学与分子生物学实验技术教程[M]. 兰州:兰州大学出版社,2005.
[19] 杨安钢,刘新平,药立波. 生物化学与分子生物学实验技术[M]. 北京:高等教育出版社,2008.
[20] 药立波,马文丽,王吉村,等. 医学分子生物学实验技术[M]. 北京:人民卫生出版社,2002.
[21] J 萨姆布鲁克,D W 拉塞尔. 分子克隆实验指南[M]. 3 版. 黄培堂,等,译. 北京:科学出版社,2008.
[22] 郭蔼光,郭泽坤. 生物化学实验技术[M]. 北京:高等教育出版社,2007.
[23] 郜金荣. 分子生物学实验指导[M]. 北京:化学工业出版社,2015.
[24] 李林. 生物化学与分子生物学实验指导[M]. 2 版. 北京:人民卫生出版社,2008.
[25] 林万明. 核酸探针杂交实验技术[M]. 北京:中国科学技术出版社,1992.
[26] 向正华,刘厚奇. 核酸探针与原位杂交技术[M]. 上海:第二军医大学出版社,2001.
[27] 刘妙良. 地高辛配基标记核酸技术及其应用[J]. 生物化学与生物物理进展,1992,19(1):34-36.

[28]肖蕾,田园,吴旻.一种简便有效的菌落原位杂交法[J].生物化学与生物物理进展,1990,(3):228-230.

[29] 宋志丽,雷祚荣,郑玉玲,等.生物素标记 DNA 探针在菌落原位杂交试验中的效果观察[J].沈阳部队医药,1994,(4):327-328.

[30] 李育阳.基因表达技术[M].北京:科学出版社,2001.

[31] 陈德富,陈喜文.现代分子生物学实验原理与技术[M].北京:科学出版社,2006.

[32] 郭尧君.蛋白质电泳实验技术[M].北京:科学出版社,1999.

[33] 李永明,赵玉琪.实用分子生物学方法手册[M].北京:科学出版社,1998.

[34] 杨霞,陈陆,王川庆. 16S rRNA 基因序列分析技术在细菌分类中应用的研究进展[J]. 西北农林科技大学学报(自然科学版),2008,36(2):55-60.

[35] 侯义龙. PCR 特异产物回收纯化方法的比较[J]. 生物技术,2005,15(4):36-37.

[36] 朱旭芬. 基因工程实验指导[M]. 北京:高等教育出版社,2006.

[37] Hall B G. Building phylogenetic trees from molecular data with MEGA[J]. Mol. Biol. Evol. ,2013,30(5):1229-1235.

[38] Kumar S,Nei M,Dudley J,et al. MEGA:a biologist-centric software for evolutionary analysis of DNA and protein sequences[J]. Briefings in Bioinformatics,2008,9(4):299-306.

[39] 沈露露,韩征,温洪宇,等. 嗜盐菌株 LYG86 16S rDNA 序列克隆及系统发育学分析[J]. 江苏农业科学,2010,(6):39-41.

[40] 胡维新.医学分子生物学[M].长沙:中南大学出版社,2002.

[41] 王秀奇,秦淑媛,高天慧,等.基础生物化学实验[M]. 北京:高等教育出版社,1999.

[42] J 萨姆布鲁克,D W 拉塞尔.分子克隆实验指南[M].黄培堂,等,译.北京:科学出版社,2002.

[43] 屈伸,刘志国.分子生物学实验技术[M].北京:化学工业出版社,2008.

[44] 张维铭.现代分子生物学实验手册[M].2 版.北京:科学出版社,2007.

[45] 曹亚.实用分子生物学操作指南[M].北京:人民卫生出版社,2003.

[46] 生物秀,Genbank 介绍 http://www.bbioo.com/lifesciences/40-15855-1.html

[47] 蔡禄. 生物信息学教程[M]. 北京:化学工业出版社,2007.

[48] 蒋彦,王小行,曹毅,等.基础生物信息学及应用[M].北京:清华大学出版社,2003.

[49] 李铁.GenBank 数据库检索及其应用——Entrez 检索功能[J].中华医学图书情报杂志,2008,17(5):49-51.

[50] 蒋彦婕.一个棉花蔗糖合酶基因的克隆、鉴定与功能研究[D].南京:南京农业大学,2010.